水と生きる建築土木遺産

後藤治＋二村悟 編著
小野吉彦 写真

彰国社

装丁　氏デザイン

巻頭鼎談

土木を知ると、世界の見方が変わる

後藤 治×二村 悟×小野吉彦

水と建築土木

後藤 この本では、水にかかわる建築土木遺産を紹介していますが、ダムや橋、港など、バラエティに富む内容になりましたね。ちょっと強引に水と結びつけている事例もあるけれど（笑）、それも含めておもしろい。

二村 人間が生きるうえで、水は欠かせないものですからね。

後藤 これまで、建築と土木を結ぶキーワードとして挙げられるのは「鉄」や「コンクリート」など、技術的な視点に偏りがちで、一般の人たちにはそのおもしろさが伝わりづらかったよね。

二村 たしかにそうですね。その一方、土木業界で働く女性を「ドボジョ」と称して注目したり、ダムの写真集がいくつも刊行されたりと、最近、土木は盛り上がっている。後藤先生もダム好きですよね。

後藤 子どものころから、大きな構造物が好きなんですよ。ダムの周囲にはダム建設の際につくられた広い道路が残っているでしょう。空いている道路を自動車でガーッと走るのも気持ちがいい（笑）。

二村 僕は黒部ダムが好きです。あのスケール感がたまりません（笑）。この本ではダムはもちろん、「コミセ」や「消防小屋」のような小規模の建物まで取り上げています。ここまで広がりのある建築土木の本は、これまでなかったのではないでしょうか。

碓氷峠鉄道施設（群馬県安中市松井田町、国重要文化財）。第３橋梁

後藤　今回は国内の事例に限っているけれど、海外で水に関連する建築土木を探すのも楽しいでしょうね。日本と同じようなものを見つけることもあるだろうし、国による違いもわかる。「水」というのは、土木を見て遊ぶには最高のテーマですよ（笑）。

水の循環システムを俯瞰

小野　僕が土木に興味を持ち始めたのは、写真家の三沢博昭さんに知り合ったのがきっかけです。三沢さんを通じて文化財にかかわる方にお会いして、土木の見方が変わりました。

後藤　三沢さんは、土木の写真を数多く撮られていますね。当初は古墳や石室のような石造物を対象にしていたけれど、徐々に土木的スケールの構造物を撮るようになった。小野さんは三沢さんのそばにいたから、建築も土木も一緒にとらえているのでしょう。

小野　そうですね。三沢さんの影響はもちろんですが、じつは、僕の妻が水道施設を見に行くのが好きで、それに付き合っているうちに僕もハマってしまったという側面もあります（笑）。

二村　そうなんですか？　知らなかった（笑）。

小野　じつはそうなんです（笑）。
給水塔やダムが好きな人はたくさんいますが、水

同、変電所（旧丸山変電所）

源を守る森、浄水場、用水路、そして下水処理場など、水の循環を守る水道施設は多様です。僕はそのシステム全体をとらえていきたいと思っています。いつか水道施設の書籍をつくりたいですね。

産業や暮らしの視点

二村　土木構築物が初めて近代化遺産として認められたのは、平成5（1993）年、群馬県の碓氷《うすい》峠鉄道施設と秋田県の藤倉水源地水道施設（30頁）です。後藤先生はこの重要文化財指定にかかわっていますね。

後藤　文化庁の担当者として、調査から指定まで携わっていました。碓氷峠鉄道施設はトンネル（隧道《ずいどう》）や橋梁、変電所など、一連の土木・建築施設が重要文化財として指定されています。僕は建築出身なのに、今や土木の専門家と言われたりするんだけど（笑）、それはこの経験があったからですね。

二村　碓氷峠鉄道施設は橋梁5基、トンネル10カ所、変電所2棟と数が多く、規模や機能も異なります。交通や産業をとりまく一連の施設を、単体の構築物ではなく全体のストーリーとして評価するようになったのは、この碓氷峠以降だと思います。桃介橋（長野県）もそうですね。

後藤　桃介橋は読書発電所建設の資材を運ぶためにつくら

註：「隧道」は「すいどう」とも読むが、本書では慣用的な「ずいどう」を採用した。

れた橋ですが、水路橋、発電所とともに重要文化財として指定されています。土木の世界は建築に比べて分野が細分化されているので、土木の専門家はなかなか横断的にとらえづらいかもしれません。でも、僕らのような建築史の研究者が近代化遺産という視点で土木に注目すると、それぞれに対する理解は浅いかもしれないけれど、広い視野で土木をとらえることができるように思います。だからこそ、こういう本がつくれたのでは。

二村 僕は茶産業と建築の近代化をテーマに博士論文を書きましたが、じつは当初、農家の建物を研究していたんです。でも、後藤先生の研究に触れ、幅広い視点で近代化遺産を見るおもしろさを知り、「茶産業」という視点でとらえ直してみた。すると、茶畑と農家、茶づくりを支える土木や工場など、一連の建築土木遺産を俯瞰することになり、さらには静岡の都市史まで踏み込みました。

後藤 「茶産業」を切り口にすると、生産から流通まで一気通貫にとらえられるからね。民家の研究と一口にいっても、農家と町家は別の分野としてとらえがち。でも、二村さんのように建築と少し離れたキーワードを設定すると、これまで別々に研究されてきたものを串刺しするような研究ができると思います。

使う側の視点で見る

後藤 老若男女、土木マニアをもっと増やしたいね。

二村 そうですね。読者のみなさんには、ぜひこの本を片手に全国各地を訪れていただきたい。そのときに大切なのは、そこに住んでいる人、使い続ける人に対するリスペクトだと思います。

本書で紹介している遺産を訪れると、美しい緑や田んぼ、集落、海などの風景はもちろん、その土地ならではの美味しいものにも出合える。ダムや橋を見るだけではもったいない。その土地に受け入れていただくという気持ちで、その場を訪れることが、楽しむコツだと思います。

さらに、現地で行われている作業をお手伝いしてもいいですね。僕も何度か経験しましたが、それが重労働なんですよ。でも、使う側の視点に立つからこそ見えてくる価値があるし、その素晴らしさもわかると思うんです。

後藤 治

二村 悟

小野吉彦

水と生きる東京の土木遺産「聖橋」を歩く

ニコライ堂と湯島聖堂を結ぶことから「聖橋」と呼ばれるこの橋は、関東大震災後の復興事業の一環として、昭和２年に竣工した。「最短距離を取ろうとしたのか、神田川に対して角度を振って架けられていますね」（二村）

聖橋から神田川を見ると、人工地盤で覆われている。「川と線路を越える聖橋を見にきたのに、水が見えない……」（後藤）「盛土の耐震補強工事が行われているんですね」（小野）「僕の好きな鉄骨造のお茶の水橋はよく見える」（二村）

聖橋は当時復興局にいた山田守が手掛けたとされる。「実際に図面を描いたかどうかわからないけれど、山田守らしいデザイン」（二村）「ゼセッション風のアーチや街灯を見れば明らか。でも、手すりは今より低かったかもしれないね」（後藤）

聖橋の東、昌平橋のさらに東には万世橋がある。「万世橋のアーチは川側と陸側では仕上げが異なりますね」（二村）「万世橋高架下は 2013 年の改修後、賑わってますね。旧万世橋駅ホームも資料館として再生されました」（小野）

「聖橋が残念なのはこの目地。竣工時は山田守らしいツルッとしたアーチだったはず。学生時代、これを見てショックを受けた」（後藤）。すると、橋のたもとには工事のお知らせ看板が。「近々、コンクリート表面が補修されるようですね」（二村）

「補修するなら、山田守らしさの復活を期待したい。目地をなくすとクラックが入りやすいのはわかるけど、目地を目立たせずに強度を保つ方法はあるはず」（後藤）。神田川をクルージングする人々を眺めながら、聖橋の将来について語り合う

つづく

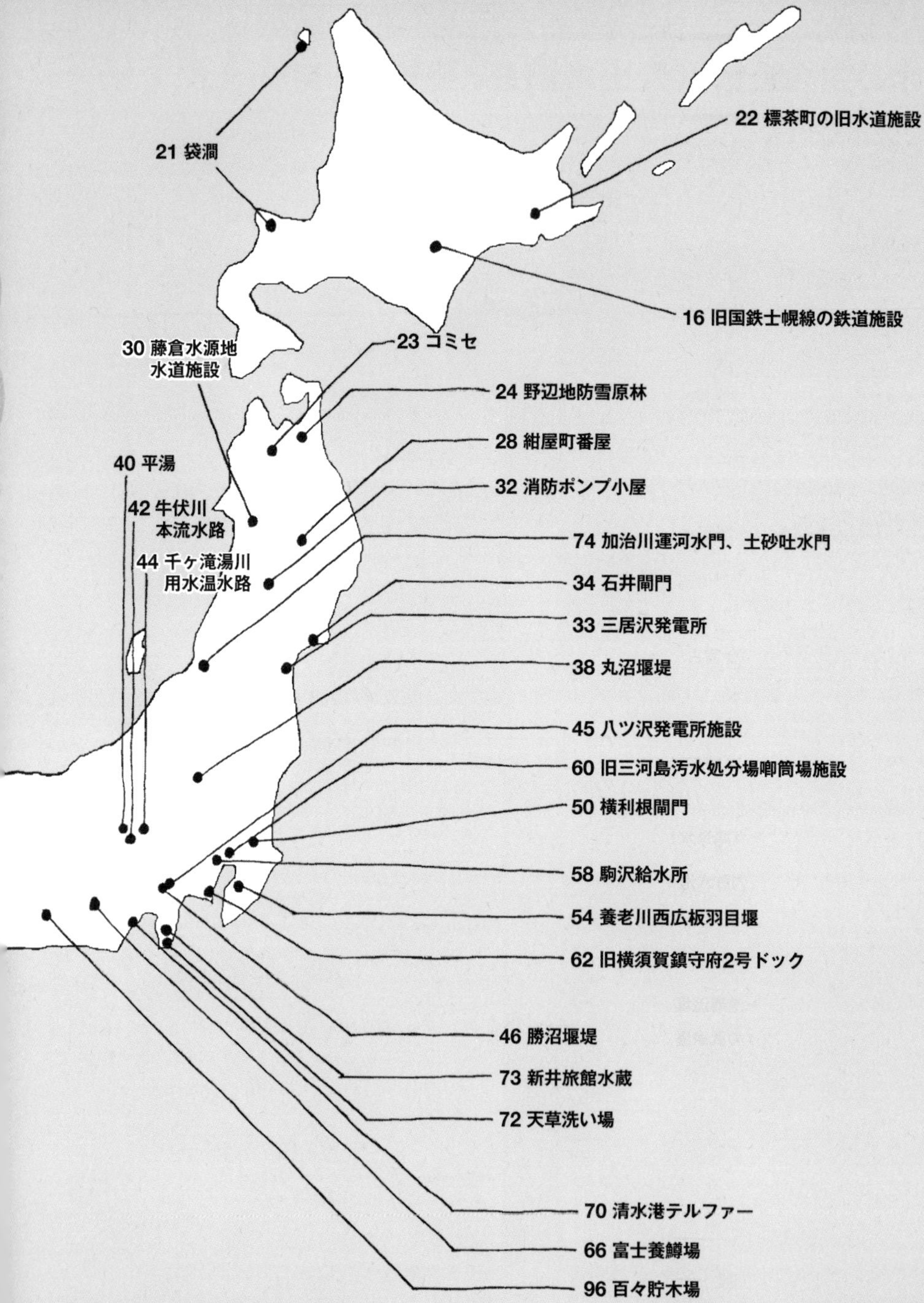

21 袋澗
22 標茶町の旧水道施設
16 旧国鉄士幌線の鉄道施設
30 藤倉水源地
水道施設
23 コミセ
24 野辺地防雪原林
28 紺屋町番屋
40 平湯
32 消防ポンプ小屋
42 牛伏川
本流水路
74 加治川運河水門、土砂吐水門
44 千ヶ滝湯川
用水温水路
34 石井閘門
33 三居沢発電所
38 丸沼堰堤
45 八ツ沢発電所施設
60 旧三河島汚水処分場喞筒場施設
50 横利根閘門
58 駒沢給水所
54 養老川西広板羽目堰
62 旧横須賀鎮守府2号ドック
46 勝沼堰堤
73 新井旅館水蔵
72 天草洗い場
70 清水港テルファー
66 富士養鱒場
96 百々貯木場

54の建築土木遺産MAP

本書で取り上げている建築土木遺産を地図上に表した。
数字は掲載ページを示している。

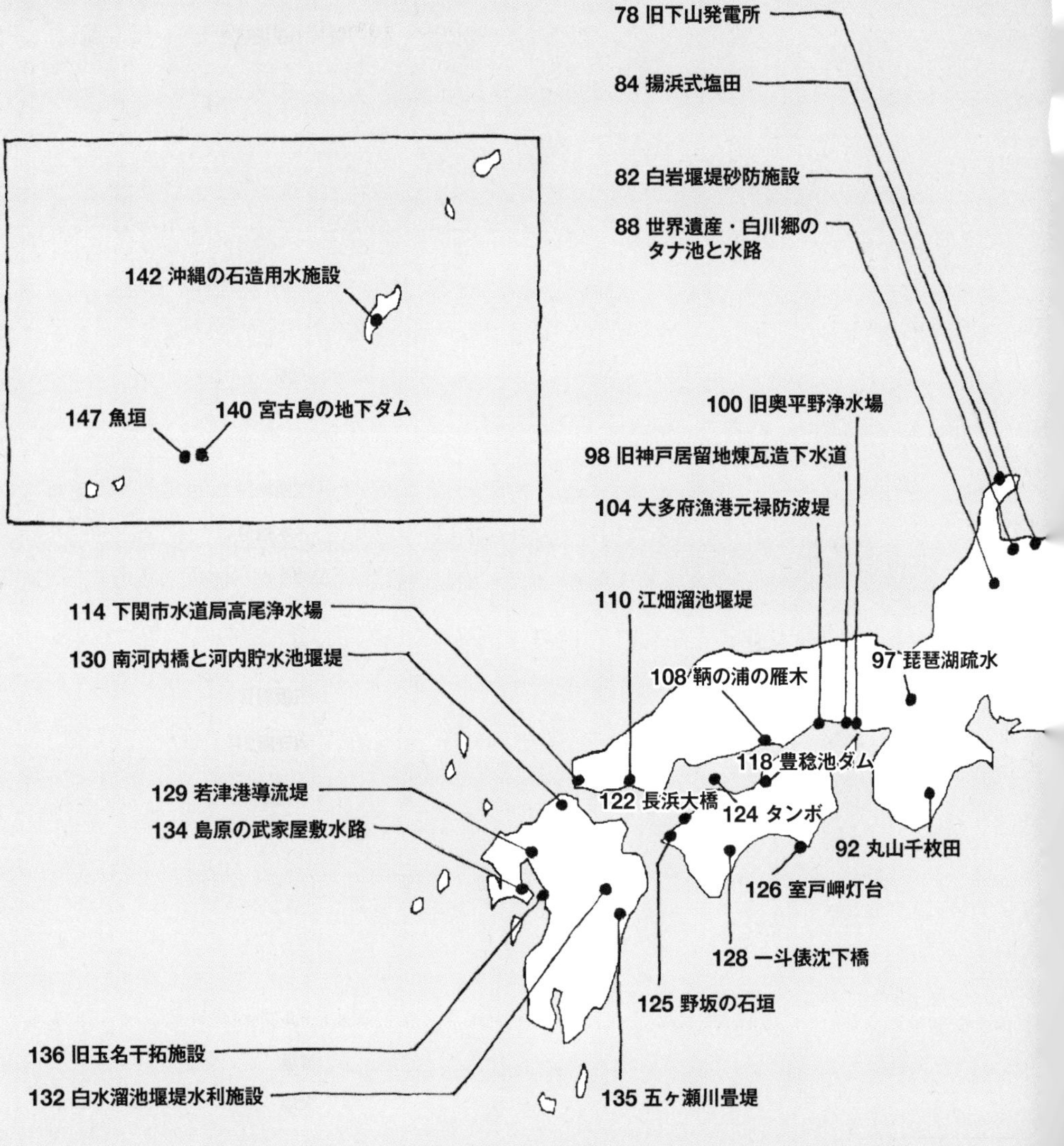

目次

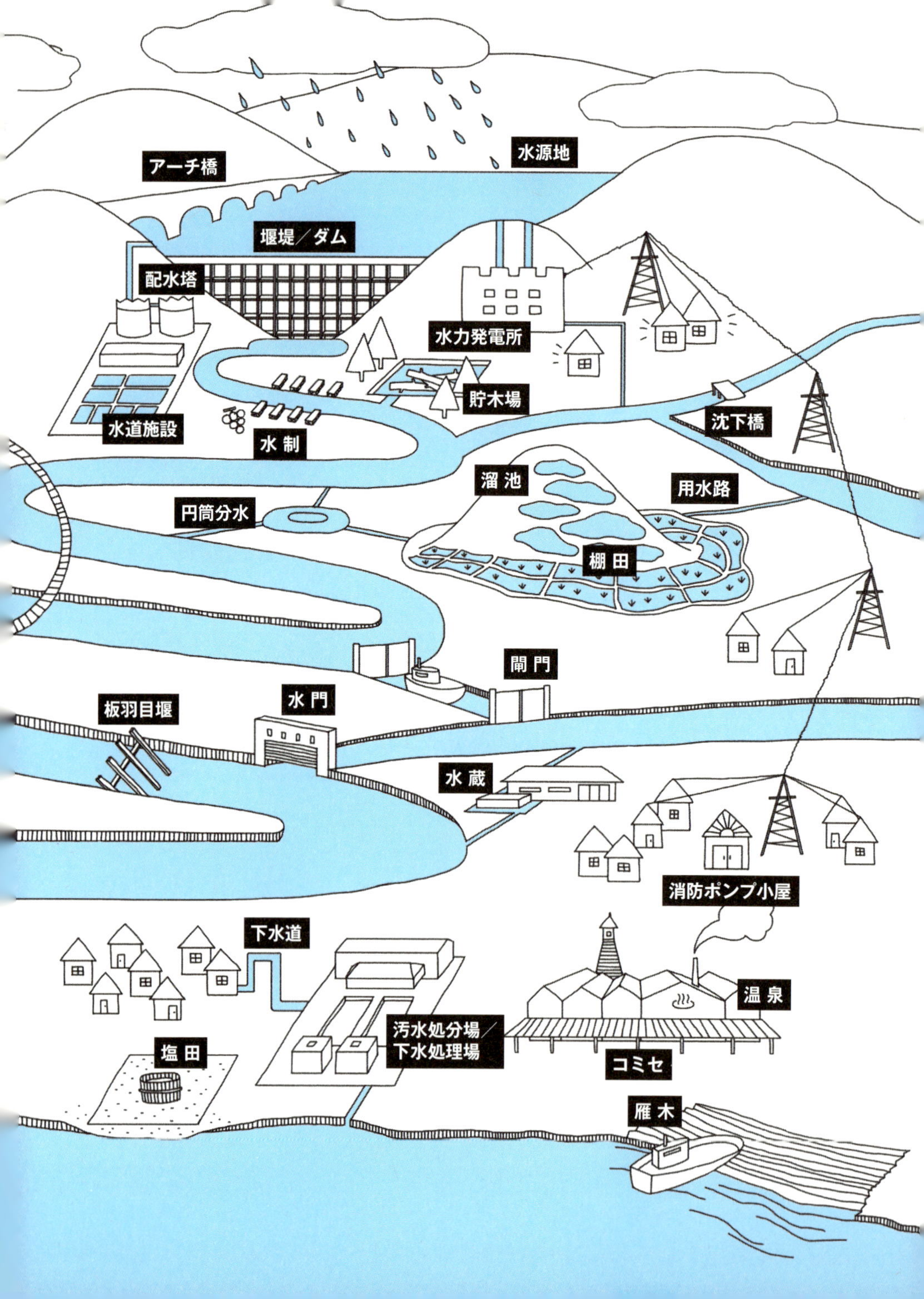
アーチ橋
水源地
堰堤／ダム
配水塔
水力発電所
貯木場
水道施設
水制
沈下橋
溜池
用水路
円筒分水
棚田
閘門
水門
板羽目堰
水蔵
消防ポンプ小屋
下水道
温泉
汚水処分場／下水処理場
塩田
コミセ
雁木

水と生きる建築土木のしくみ

本書で紹介している建築土木施設のイラストマップと施設解説

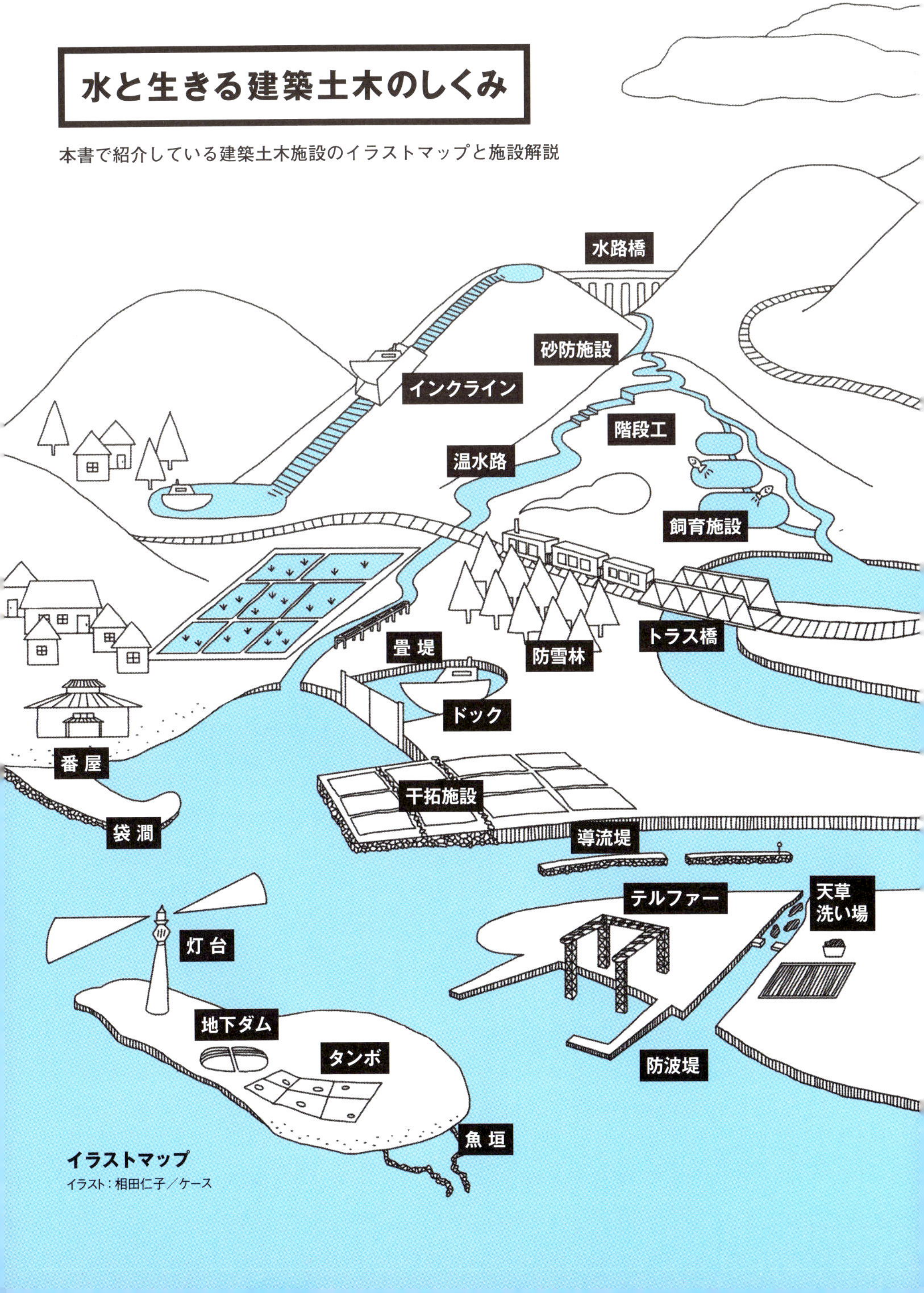

イラストマップ

イラスト：相田仁子／ケース

施設解説

アーチ橋（アーチきょう）橋の構造形式のひとつで、上に向かってアーチ（弓なりの形）とすることで路面にかかる荷重を支える橋。↓16頁

板羽目堰（いたばめせき）農業用水を確保すること、洪水時に水を放流しやすくすることなどを目的として設けられた仮設の堰。↓54頁

インクライン（いんくらいん）主に高低差のある斜面に単線か複線の軌道を敷き、船をワイヤーロープで上下させる装置。↓97頁

堰堤／ダム（えんてい／だむ）治水や利水のために河川などを堰《せ》き止める施設。もともと堰堤はダムの和訳であったが、現在の河川法では高さ15m以上のものをダムとしている。↓30・38・45・46・82・110・118・130・132頁

塩田（えんでん）本書で扱う揚浜式の塩田は、海岸沿いに設けた塩田に天秤棒で担いできた海水を散布し、煮詰めて塩を得るための場。↓84頁

円筒分水（えんとうぶんすい）農業用水を均等に分配するために考案された施設。円の中央から水を湧出させ、外周部から落下させる際に分水する。「円形分水」とも呼ばれる。↓133頁

汚水処分場／下水処理場（おすいしょぶんじょう／げすいしょりじょう）汚水や雨水などを集めて処理し、きれいな水に再生する施設。↓60頁

温水路（おんすいろ）気温が低い地域では、冷えた水を水田に注ぐと稲が育成障害を起こすため、傾斜の緩やかな川を人工的に設けて、引き込む水の温度を徐々に上げていく施設。↓44頁

温泉（おんせん）地熱で温められた地下水。↓40頁

階段工（かいだんこう）床固工と呼ばれる砂防堰堤の一種で、川床を固めることで川床や川岸の土砂が削られるのを防ぐとともに川沿いの土砂を安定させる役割を担う。↓42頁

魚垣（かつ／ながき）宮古島で遠浅の海岸にハの字に石を積み、先端部に網を設置し、干満差を利用して魚を追い込む定置漁具。↓147頁

雁木（がんぎ）雁行するもの。本書では川や海の岸に石積みで築いた階段状の船着場を指す。↓108頁

干拓施設（かんたくしせつ）遠浅の海に石積みの堤防を築いて囲い込み、水を除いて陸地とする施設。↓136頁

下水道（げすいどう）汚水や雨水、工場などの排水を集めるための構造物。↓98頁

閘門（こうもん）船舶が川を航行する際に、河川の間で生じる高低差を調整するため、水面まで昇降させる装置を備えた施設。↓34・50頁

コミセ（こみせ）主に東北地方の多雪地域で積雪時に人の通行が容易となるよう民家の正面に設けられた下屋。「雁木」と呼ぶ地域もある。↓23頁

砂防施設（さぼうしせつ）土砂崩れ、地すべり、土石流などの災害を未然に防ぐ目的で構築された土木施設。↓82頁

飼育施設（しいくしせつ）本書では、湧水などきれいな水を利用して、主に試験研究を目的とした蓄養等を行う施設をいう。↓66頁

消防ポンプ小屋（しょうぼうぽんぷごや）地域の消防団が消火用のポンプを保管する建物。寄合などに用いる座敷を併設する場合もある。↓32頁

水源地（すいげんち）川やダム湖など上水のための水の源となる地。↓30頁

水制（すいせい）護岸を固めて川幅や水深を保持し、水流の衝突を防ぐなどの目的で、川に設けられる構造物。↓46頁

水蔵（すいぞう）蔵の周囲に堀を巡らせ、火災の際には川の水を引き込んで収蔵品を守る仕組み。→73頁

水道施設（すいどうしせつ）川やダム湖などの水源地から取水して沈澱池やろ過池で浄化し、上水道用に安全な水質に処理する施設。→22・30・１００・１１４頁

水門（すいもん）舟運や排水などのために堤防に設けられた可動する堰のことで、門を開閉させることで水の量を調整する。→74頁

水力発電所（すいりょくはつでんしょ）高低差を利用した水の力で水車を回し、発電機で電気エネルギーに変換する施設。→33・45・78頁

水路橋（すいろきょう）発電用や農業用の灌漑用水が川や谷、道路、畑などを横断する水路を通すための橋。→45・97頁

畳堤（たたみてい）川の氾濫時に、川沿いの欄干のような構造物に畳を差し込んで、洪水を防ぐ仕組み。→１３５頁

棚田（たなだ）山の斜面に地形や等高線に沿うようにして築かれた階段状の水田。→92頁

溜池（ためいけ）灌漑用水を溜めておく人工の池。→１１０頁

タンボ（たんぼ）住宅の敷地内に設けられた生活用の井戸ではなく、灌漑用に田畑に設けられた井戸。本書で扱った大三島では、水を汲みやすいように内部を徳利形の断面にしたものが多い。→１２４頁

地下ダム（ちかだむ）地下水を止水壁で堰き止めて、海への流出、海水の浸入を防ぎ、その水を農地の灌漑用水として使用する。→１４０頁

貯木場（ちょぼくじょう）伐採した原木を一時保管する施設。→96頁

沈下橋（ちんかばし）川の水面に近い位置に架けられた橋。増水時に沈むことを前提としているため、欄干等の水の抵抗を受ける部分は省略されている。→１２８頁

テルファー（てるふぁー）陸と海とをつなぐ荷揚げ用の移動式クレーンを備えた施設。→70頁

天草洗い場（てんぐさあらいば）小さな川の河口付近で、中央に水の流れる窪みを開けた小さな堰を設け、出漁前に栓をして水を溜めておき、帰漁後に天草を水洗いする場。→72頁

灯台（とうだい）岬や島、港などで、船舶が安全に航行できるよう灯光でその位置を示した陸上の建物。古くは、「灯明台」「灯明堂」などと呼ばれた。→１２６頁

導流堤（どうりゅうてい）河口付近で川と並行に堤を築くことで川の流れを速め、土砂などを堆積しにくくする構造物。→１２９頁

ドック（どっく）船の新造や修理をする場として海に面して築かれた施設。古くは船渠《せんきょ》と呼ばれた。水を抜いて修理するドライドックがよく知られる。→62頁

トラス橋（とらすきょう）三角形不変の法則に則って三角形を単位とした骨組で構成された橋。→１２２・１３０頁

配水塔（はいすいとう）内部に上水を溜め、水圧を利用して各戸に水を配るための塔。→58頁

番屋（ばんや）番人がいる場や詰所などを指すもので、古くは武士の詰所のこと。本書では、火の番をする地域の消防組織が詰めた建物を指す。北海道では宿泊機能を備えた漁の小屋としてのニシン番屋がよく知られる。→28頁

袋澗（ふくろま）海水を両腕で抱くようにして囲い、ニシンをしけなどから守りながら一時保管した海岸沿いの石造構造物。→21頁

防雪林（ぼうせつりん）防風林や砂防林と同様、木を植えることで吹雪や雪崩などから線路を守り、列車を安全に運行させる林。→24頁

防波堤（ぼうはてい）港を囲い込むように外側に配置され、外海の波浪や高潮を防いで船の安全な航行を担う施設。→１０４・１２５頁

用水路（ようすいろ）農業、工業、上水道などの用水を引くために設置された水路。→88・１３４・１４２頁

北海道

旧国鉄士《し》幌《ほろ》線の鉄道施設

自然と調和した美を伝える

廃線跡に残る鉄道遺産

季節による水位の変化で、毎年8～10月頃には水面下に消え、1月頃からの寒い時期には凍った湖面から頭を出して雪で覆われ、晩春には全体像を一望することができ、雪解け水が増加する6月頃から徐々に沈みだす。季節によって土木構造物そのものが違った表情を見せる珍しい例が北海道のタウシュベツ川橋梁である。

土木構造物は、巨大な規模を持つものが多く、維持や管理には相当額の経費を要する。そのため、使い続けることが最も有効な手段となるが、昨今では、かつてのように多数の人々の公益に役立つ施設（公共施設）として使われるわけではない例も増えている。その一例が、このタウシュベツ川橋梁を含む旧士幌線の鉄道施設である。

旧士幌線は、帯広と十勝三股の間を南北に結んでいた鉄道である。旧士幌線の主な鉄道施設は、音更《おとふけ》川に沿って走る上士幌駅と十勝三股駅の間にある。旧士幌線は、昭和62（1987）年の日本国有鉄道の民営化にともなって廃止されたため、現役とし

ニペソツ山を背景にタウシュベツ橋梁を見る

タウシュベツ川橋梁を歩く「遠足」の人々

旧国鉄士幌線の鉄道施設
（勇川橋梁、第三音更川橋梁、第五音更川橋梁、第六音更川橋梁、十三の沢橋梁、音更トンネル）
所在地：北海道帯広市、河東郡音更町、士幌町、上士幌町　見　学：可　ツアー有。要問合せ
開　通：1926年（1987年廃止）
【国登録有形文化財】

ての機能を持たない土木構造物である。

湖に沈むことなく姿を現す橋梁群

廃線後、鉄道の土木構造物は、一部を除いてアーチ橋、トンネル、軌道敷等がそのままの状態で放置された。実は、これらのなかには廃線前から放置されていたものもある。上士幌駅から十勝三股駅までは、昭和9年から13年にかけて工事が行われ、昭和14年に開通した。昭和27年には、電源開発のため糠平《ぬかびら》地区にダムがつくられることになり、路線の一部は変更を余儀なくされた。糠平ダムは昭和31年に竣工し、これによって人造湖である糠平湖が生じ、利用されなくなった旧路線の大半は湖底に沈んだ。このときに沈まなかった土木構造物のひとつが、全長130mで11連アーチのコンクリート橋梁であるタウシュベツ川橋梁である。この橋梁をはじめとして、旧士幌線の跡には多数のコンクリート造橋梁が現存している。

自然体の美

建築、土木にかかわらず、歴史的・文化的遺産の保存活用に対して、筆者が常日頃感じていることがある。それは、「隅から隅にいたるまで、きれいに保存し、かつき

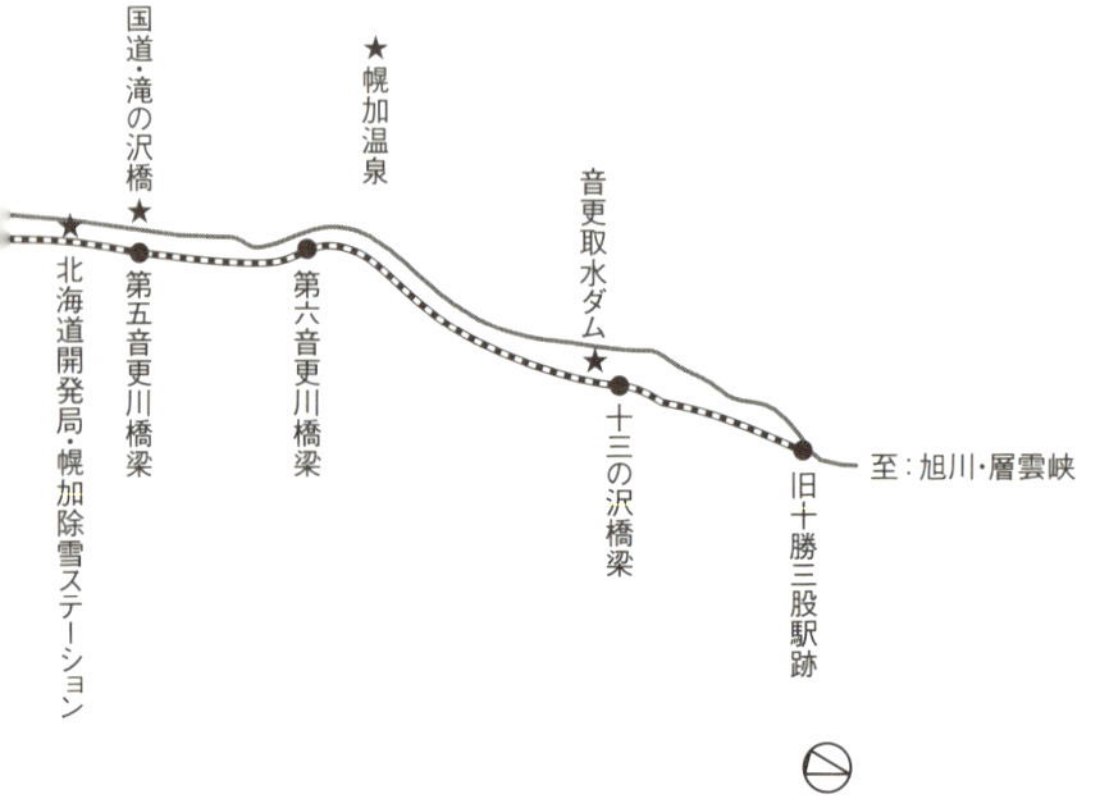

第五音更川橋梁

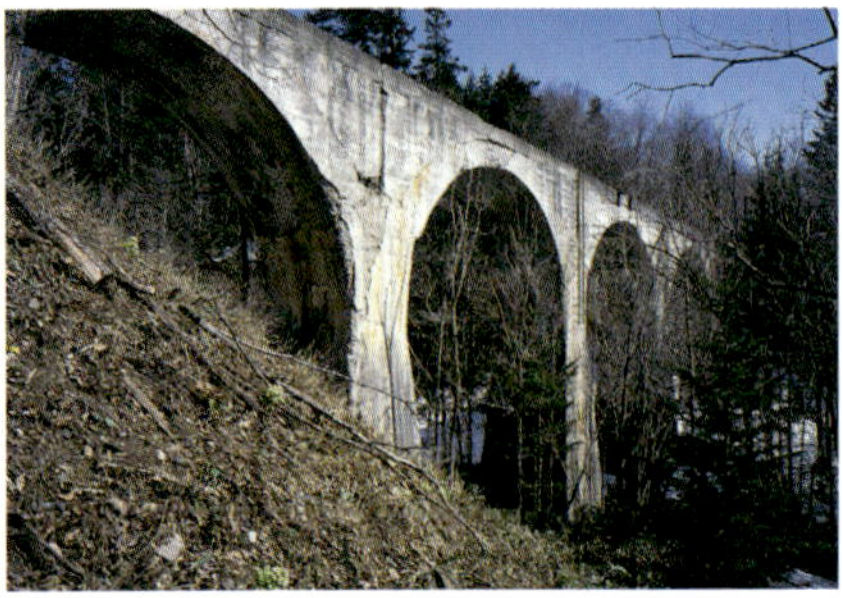
十三の沢橋梁

旧国鉄士幌線の鉄道遺産

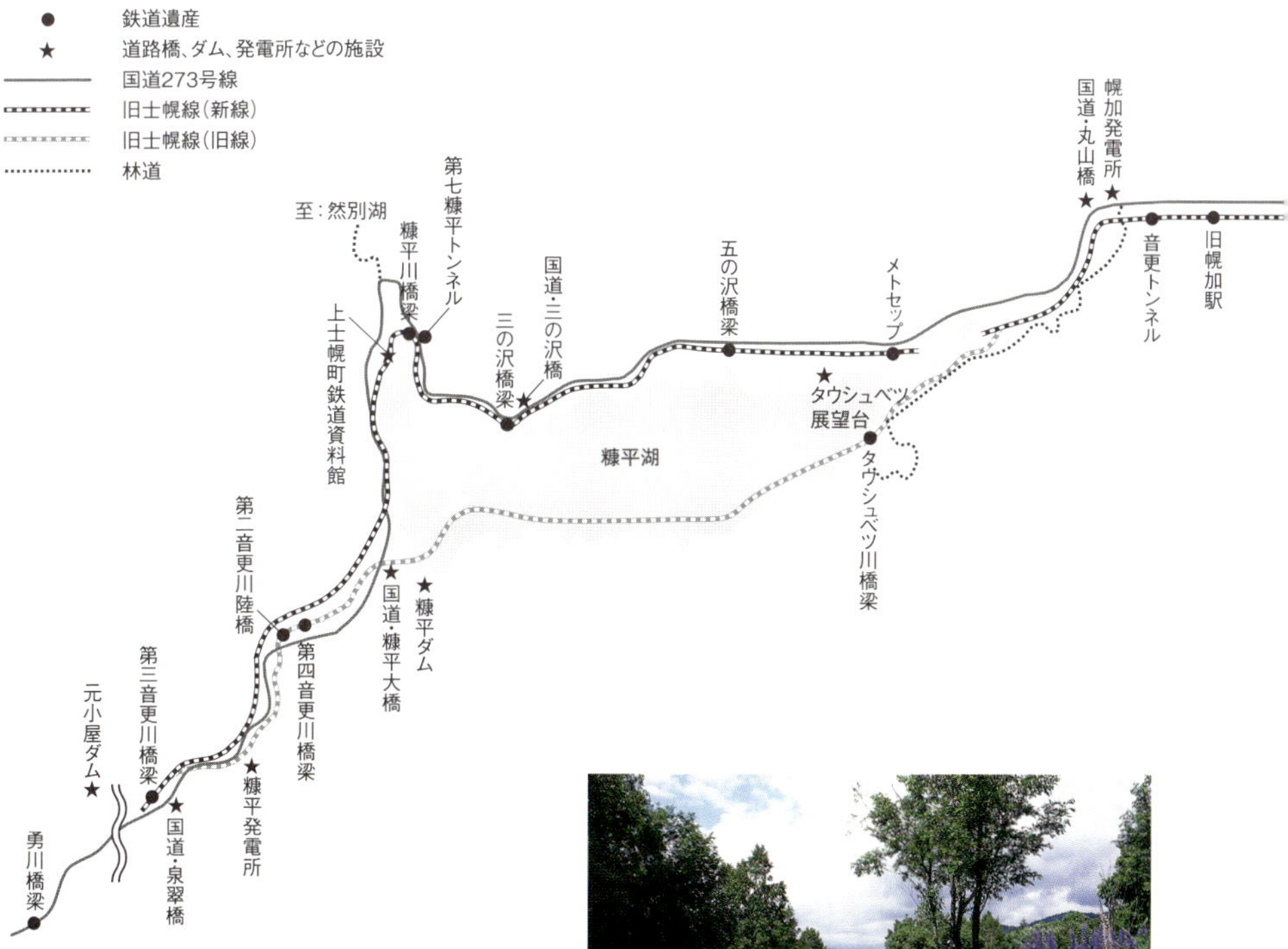

（出典：「ひがし大雪アーチ橋散策地図」NPO ひがし大雪アーチ橋友の会、2015 年 4 月作製より抜粋、一部改変）

廃線跡

勇川橋梁

第七糠平トンネル

ちんと利用して公開しなければならない」という生真面目な呪縛感に捕らわれてしまう人が、日本には多すぎるのではないかということである。

これに対して、ヨーロッパは特におおらかである。かの地を訪ねると、荒れたまま放置しているような状況を意外によく見かける。その理由は、良い利用方法や保存費用の捻出方法を検討中で、最低限の維持でとどめている場合が多い。これは、歴史的・文化的資産の対処に、急がずに長い時間をかけることに先進国が慣れていることを意味する。また、時間の経過を残すことが大事であるという言葉もよく聞く。杓子定規に修理の手を加えると、きれいになりすぎて、時間の経過が感じられなくなってしまうことを意味している。風雪に耐えた「経年の美」を残して見せることは、歴史的・文化的遺産に手を加える際に考慮すべきテクニックのひとつなのである。

旧士幌線の鉄道施設は、国内で従来行われてきた生真面目すぎる保存活用とは一歩距離をおいたものとして注目している。このことは、地域の人々の間ですでに十分に意識されている事柄である。地元で作製された散策地図に書かれた「大自然と調和した文化遺産として……」という文言はそれを象徴しており、まさに言い得て妙である。

NPOが支える維持管理

旧士幌線の鉄道施設は、単に放置されているだけではない。実は、そこに多数の利用者が存在するのである。その主役となっているのは、NPO法人ひがし大雪アーチ橋友の会の面々である。筆者が入手した散策地図も、友の会による作製である。

友の会は、鉄道施設に残るアーチ橋が平成9（1997）年に解体の危機を迎えたことに対する保存運動を契機として平成11年に結成された。保存運動によって、平成10年に旧国鉄清算事業団から34のアーチ橋と線路跡を上士幌町が取得することになり、国の文化遺産として後世に継承されることになった。現在は、アーチ橋を中心とした鉄道施設の見学会や車椅子でも訪ねることができる散策の取り組みを行っている。見学会は「遠足」と名付けられていて、広く参加が呼びかけられ、会員以外も含めて多数の人々が見学に訪れている。

友の会では、鉄道施設周辺の清掃や草刈り等も頻繁に実施している。したがって、利用だけでなく維持管理も行っているといってよい。放置されているように見える施設でも、自然と調和した程度に見えるようにして残すには、やはり人間の維持管理の手が必要なのである。

雪解け水が増加し、湖に沈みだすタウシュベツ橋梁

土木遺産の防波堤に似ているが、役割はむしろ産業遺産である

ニシン漁獲量増大の立役者

袋《ふくろ》澗《ま》

袋澗
所在地：北海道利尻島、礼文島、積丹半島ほか
建設年：大正期～

北海道特有の施設のひとつに袋《ふくろ》澗《ま》がある。積丹半島のものがよく知られているが、利尻島や礼文島にも多く残されている。袋澗は海岸線沿いにあり、海水を囲うように設置された石積みの構造物である。捕獲したニシンを数日（7～10日）生かしたまま保管する役割がある。生簀《いけす》や蓄養池に似るが、池で自由に泳がせるのではなく、網に入れたまま保管する。

定置網でニシンが水揚げされた際に、陸まで何度も運ぶのは効率が悪い。そこで、袋網に定置網のニシンを移し、船で袋網を海岸まで引き、袋澗に納める。袋澗は完全には囲わないので、船着き場としても使用された。

利尻島に残る鴛泊《おしどまり》柳谷袋澗は、島内に残るものでは最も状態が良い。現在は、堤上をコンクリートで押さえ、町が一部を補修するなどの維持管理がなされている。町の調べでは、長さは約67m、高さは1・5～3mで、間知《けんち》石《いし》の目地にセメント等を充填した工法で、大正期以前の築造とされる。

ニシンといえば番屋もよく知られた存在で、水揚げに使用したクレーンの土台が残る地域もある。こうしたそれぞれの施設が残ることで、漁の具体的な様子やスケール感、近代化の足跡をたどることができる。袋澗は子どもたちに継承してほしい身近な産業遺産のひとつである。

風景の一部として山間に溶け込む水道施設は歴史の生き証人でもある

北海道

集治監施設から町内初の上水道へ

標《しべ》茶《ちゃ》町の旧水道施設

標茶町の旧水道施設
所在地：北海道川上郡標茶町常盤 10-1
（標茶高等学校敷地内）
見　学：要問合せ
建設年：不明（明治末～大正初期と推定）

標茶《しべちゃ》町は、釧路湿原国立公園と阿寒国立公園を町域内に持ち、特別天然記念物のタンチョウを観察できる自然豊かな町として知られる。

古来より豊かな自然環境のなかアイヌ民族が暮らしていたが、この地に突如近代的な市街が出現したのは、明治18（1885）年に国策として釧路集治監（現在の刑務所）が設置されたためである。収監した多くの囚人用に多量の用水を確保するため、施設裏の丘陵に水源を求め引水した。集治監は明治34年に網走へと移されたが、その施設を転用する形で同41年に軍馬補充部川上支部が設置される。この際、集治監の水道施設を継承し整備拡充させた。それが軍馬補充部川上支部水道施設である。水源より供給される湧水は沢の上流側より貯水池、ろ過池を抜け浄水池より鉄管を通じて支部内へ供給された。各施設はコンクリート製で一部にレンガが使われた。

第2次世界大戦後は、川上支部敷地および施設を転用し開校した標茶農業高等学校（現標茶高等学校）に移管され、その水は校内だけでなく、町内最初の上水道として市街地にも供給された。

現在は老朽化と倒木により浄水池は大きく破損したが、貯水池とろ過池は往時の姿を留めている。施設は、歳月により自然のなかに埋もれ、その一部となったかのような印象を人々に与えている。

青森県

積雪期であっても、コミセ内ではいつものように歩行が可能である

吹雪や日差しを防ぐ木造のアーケード

コミセ

コミセ（高橋家住宅、石場家住宅ほか）
所在地：青森県黒石市、弘前市ほか
建設年：江戸時代中期
【国重要文化財】
【国重要伝統的建造物群保存地区】黒石市中町

東北地方を中心に積雪時に見られる工夫のひとつが、青森県などにあるコミセである。庇の屋根を広くせり出し、積雪時には側面にはめ込み式の板戸を落とし込んでいく。積雪に応じて板の枚数を増やすこともでき、上部からは自然光を採り込むこともできるという装置である。これによって冬場は安全な通行が可能となる。日差しの強い時期には日除け、雨天時には雨除けともなる万能な通路である。新潟県上越市などで見られる雁木とも基本的には同じ機能である。建築史家の玉井哲雄によると、雪のほとんど降らない江戸でも、江戸中期から幕末にかけて、町家の前面にコミセのような庇が連続した名残があるのだという。

弘前市にある重要文化財の石場家住宅や黒石市中町の重要伝統的建造物群保存地区のコミセは、高橋家住宅のように1軒あたりの間口が広いため、相当な長さになる。このコミセは、明暦2（1656）年の町割の際に設置されたとされる。雁木は間口の狭い例が多く、短い間隔で家ごとに高さや仕様が違い、段差が生じる。古い時代はほとんど同じ高さであったと考えられるが、建て替え時に雁木も新設するために、こうした違いが生じたのだろう。

コミセや雁木は、おおらかな時代の建築の気候風土への対応の名残を残す装置ともいえるだろう。

青森県

野《の》辺《へ》地《じ》防雪原林

緑化や防災の機能も果たす

雪の野辺地２号林。日本で最初に造林された鉄道林（吹雪防止林）のひとつ

国内最古の防雪林

　雪国の線路沿いには、雪から鉄道を守る防雪林がある。防雪林は、鉄道林の一種で、吹雪を防ぐ吹雪防止林や雪崩を防ぐ雪崩防止林を含む防雪林と、海岸の飛砂を防ぐ飛砂防止林や土砂の崩壊・流出を防ぐ土砂崩壊防止林などを含む防備林に分類される。野辺地防雪原林は、国内最古の防雪林で、その役割は吹雪防止林である。

　現在は、野辺地駅の南西側の線路際にあるものを遊歩道沿いに一部見学することができ、関連した石碑も設置されている。野辺地町は、12月から3月頃まで雪が一面を覆う地域である。防雪林は地面が木々で守られているので、雪解けにも時間がかかる。森林が降った雨を土に蓄え、根から吸い上げて育つように、この防雪林は積雪と適度な降雨によって維持されているのだろう。

高密度の植林

　東北本線は、明治24（1891）年9月に全通したが、冬場の運行は地吹雪によって阻まれることが多く、安定的な運行が難しい状況にあった。多雪地帯では、応急的に木製の雪覆《ゆきおおい》を線路上部に設けたり、板塀などの防雪柵を施して対応策を講じたが、強風で倒壊したり、蒸気機関車の火煙で延焼するなど、ほとんど効果は上がらなかった。

　そこで、運営会社である日本鉄道株式会社の重役として経営に参画していた渋沢栄一は、ドイツで林学と経済を学び、帝国大学農科大学（現東京大学農学部）の助教授に着任直前であった同郷の後輩、本多静六に助言を求める。本多は、カナダで見学した防雪林は効果があると進言し、渋沢は採用を決断する。渋沢は、本多に鉄道林造成の委嘱をし、明治26年に東北本線の水沢～青森間の41カ所に人工林を設ける。野辺地駅の裏手に残るのは、そのひとつである。

　面積1・7ha（ヘクタール）のなかにスギ2万1190本とカラマツ1000本という、現在と比較すると高密度での植林が行われた。これは、早く効果を得るためだったとされる。大正14（1925）年の『帝国林業綜覧』（帝国森林会）には「今

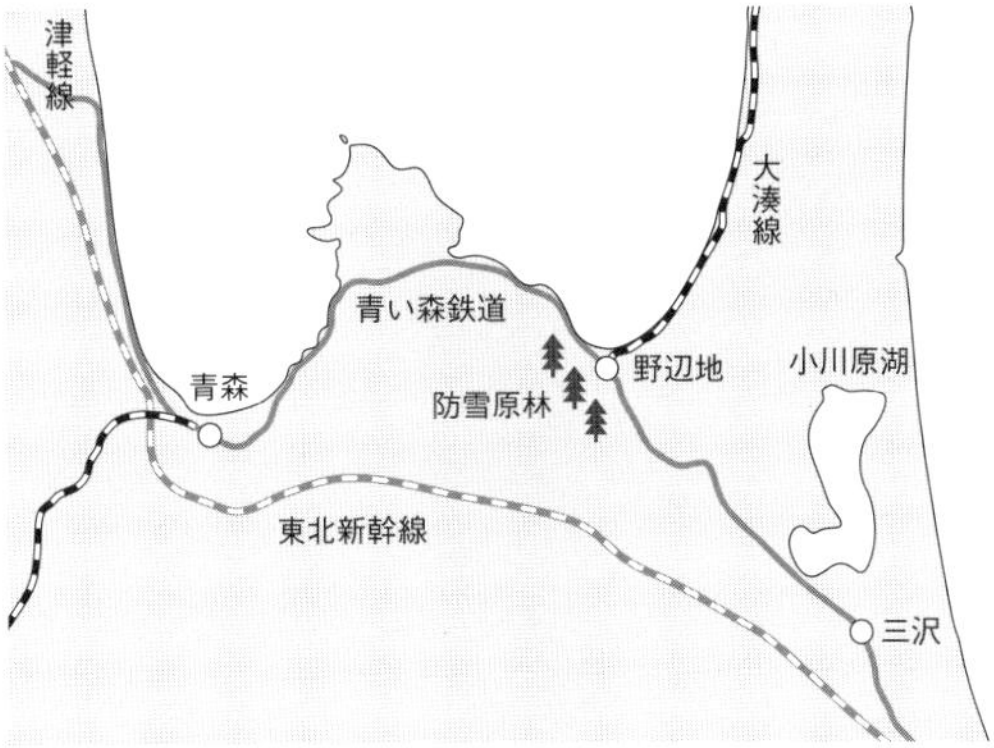

野辺地防雪原林周辺図

野辺地防雪原林
所在地：青森県上北郡野辺地町
見　学：一部可
建設年：1893 年
【選奨土木遺産（土木学会）】

や樹高五十尺に達し鬱蒼たる美林を形成す彼の野邊地驛附近のもの即是なり」とあり、当時から注目されていたことがわかる。

40年の生育サイクルを管理する技術

鉄道林は、成長した木を伐採して売却した収入で、設置や維持管理の費用を賄ってきた。このサイクルは、鉄道林を普及させる要因となり、明治末期から昭和にかけて各地で鉄道林の造成が進んだ。経済林として定着したが、昭和40年代後半に木材価格が低迷し、経済林としての経営は難しい状況となった。

防雪林を含む鉄道林の維持管理には、鉄道林そのものを維持するための手入れを現地で行う保守業務と、保守によって維持された鉄道林が防災機能を担っているかを計測する検査業務がある。

保守業務は、生育のサイクルを保育期、ぶ育期、更新期に分け、40年以上の歳月をかけて行う。保育期は、苗木を高く育てる期間で、一部を除伐して木の健全化や保護を行う。ぶ育期は、生長に応じた適正な本数を維持するための除伐や間伐が中心となる。更新期は、成長した鉄道林を計画的に伐採する期間である。

鉄道林には、防災機能を果たす樹木密度を保つという管理が不可欠である。この作業は、かつては経験と勘に頼っていたが、昭和61年に国鉄が規定した鉄道林施業技術標準によって、間伐等を行う数量が決められた。とはいえ、間伐する木の選定や安全な木の倒し方など、蓄積された知識と経験が必要とされる。定量化や数値化によって、状況を把握することはできるが、自然のものは教科書通りには進まないので、現場で見て覚え、勘を養うという日頃の努力が欠かせない。最後は人の手に頼らなければならないことが生じ、受け継いできた知識や勘が必要となる。ここに伝統技術がある。

技術の継承に向けた課題

現在は、経済林としては成り立たないので、維持管理費の捻出が難しい。そのかわりに天然更新やそれに近い管理形態にシフトする研究が進められているという。管理費の捻出は、日本の森林全体がかかわる問題でもある。地球環境に関心が集まり、防災意識が高まるなか、緑化や防災という視点で鉄道林にも注目が集まっている。

国鉄時代は営林区という専門部署の職員が現場で作業をしていたが、現在は造園会社や建設会社に委託することがほとんどで、若い世代が経験を積む現場が少なく、伝統技術の継承が難しくなっている。防雪林は、専門業者がほとんどいないので、経験者が不足し、維持管理が難しい。経験者が引退する前に、継続的に技術の伝承を行い、養成することが急務の課題となっている。環境に対する投資と考えて、技術者の手による昔ながらの鉄道林の維持管理を継続する必要があるだろう。人力ほど環境にやさしいエネルギーはないのだから。

地形によっては、堀と林を併用した防雪効果が期待できる

吹雪防止林が異なる二林帯で造林されていることがわかる

野辺地２号林内部の歩道整備エリア

十字路に建つ建屋は、現在でも
ランドマーク的な印象を与えている

岩手県

安全を見守る
大正ロマンの火の見櫓

紺屋町番屋

「番屋」と聞くと勘の良い方は、すぐにニシン番屋を思い出すだろう（21頁）。けれども、番屋そのものは番人がいる場や詰所などを指す言葉で、ここでは消防組織が詰めていた建物を指す。

紺屋町番屋は、大正2（1913）年7月18日に竣工したもので、消防組第四部事務所として建てられた。木造2階建てで、その上に六角形の望楼が付き、外壁を南京下見板張りとした奇妙な建築物である。城郭には望楼式天守という形式があるが、形としてはこの種類である。けれども、そこに載る望楼は、重要文化財の新潟県政記念館（1883年）や旧新潟税関（1869年）に見られるようなものではなく、深川江戸資料館や群馬県の沼田公園に再現された火の見櫓《やぐら》そのものである。

当初、紺屋町番屋の1階は消防器具などの置き場となっており、現在も床は当時のまま花崗《かこう》岩敷きである。消防ポンプの手入れにはほこりを防ぐ必要があったのと、水を使う器具を保管するために、土間ではなく石敷き仕上げとしている。2階は座敷となっており、かつては寄合や訓練後の一杯の場として使用された。第2次世界大戦後に一部改造され、現在はその役割を終えている。

望楼を持つ消防組織の建物というと、よく知られたものに青森県黒石市の例がある。特に、大正13年

紺屋町番屋
所在地：岩手県盛岡市紺屋町4-33
建設年：1913年
【保存建造物（盛岡市）】

に建てられた黒石消防団第三分団屯所がよく知られる。こちらも負けず劣らず最上部に奇妙な望楼を載せた建物で、消防組織の詰所として使用された。紺屋町番屋とは違い、正面にペディメントを意識した入母屋造の2層の屋根が続き、望楼式の天守のような姿である。この2層の屋根は、2階に並ぶガラス窓とあわせて大正時代のモダンな雰囲気を醸《かも》し出している。市内には、望楼が載る詰所が他にもあるので、あわせて見ておきたい。

紺屋町番屋のような建物は、これまで近代建築としてデザイン面で評価されてきたが、これらは消防施設であり、明らかに日本の近代化遺産である。望楼の高さや見渡せる範囲などにも意味があったと考えられ、今後は用法から読み解いた評価というのも必要になってくるだろう。

黒石消防団第三分団屯所

紺屋町番屋1階消防器具置き場。現在も道具や写真などがそのまま残る

秋田県

取水と防火用水の恩恵を伝える

藤倉水源地水道施設

白水ダム（大分県）、長篠堰堤（愛知県）とともに
日本三大美堰堤のひとつ

近代化遺産として、平成5（1993）年8月に全国で初めて国の重要文化財に指定された施設が、この藤倉水源地水道施設と群馬県の碓氷峠《うすいとうげ》鉄道施設である。

この施設は、秋田市水道部による上水道専用の貯水施設で、火災の頻発に対する防火用水の確保と、伝染病の流行に対する衛生面の向上を目的として明治44年8月に竣工した。設計は、同市嘱託の和田忠治と技師の両角熊雄、水道工事全体の顧問・計画は千種基が担った。秋田市では、明治の早い時期から民間レベルによるいくつかの水道計画がはじまっていたが、初の公共上水道が実現するまでにはかなりの時間を要したことになる。

通常、貯水池から生じた余水は、一定水位以上になると自然に流れ落ちる越流《えつりゅう》式と呼ばれる堰堤《えんてい》と、放水路のどちらかが設置されていれば処理できる。ところが、この施設では両方を併用している。これは、この水道施設の特徴のひとつである。放水路は最大で幅約15m、延長約122mで、岩盤をくり抜いて築いている。

昭和48（1973）年9月に水源を雄物川へと切り替えた際に取水を止め、昭和62〜63年にかけて修理工事が行われた。現存する施設は、本堰堤、副堰堤、管理用の堤上架橋などである。

藤倉水源地水道施設
所在地：秋田県秋田市山内字上台、字大畑
建設年：1911年
【国重要文化財】

本堰堤は貯水施設で、堤高16・3m、堤頂長65・1mである。堰堤の構造形式としては重力式で、表面を石張りとしたコンクリート造である。重力式とは、基礎の岩盤が強固な場所でコンクリートの自重で貯水池の水圧に耐える方式である。
副堰堤は、本堰堤の下流に設置するもので、本堰堤との間に薄く水を貯めることによって落下する水の流れを緩和し、堰堤の基部を保護する役割を担っている。

平地にある門柱を抜けて水田の脇を歩いて行くと、木々の隙間から赤い色の管理橋が顔をのぞかせる。流れ落ちる水は力強いが、風景として周囲の環境にとけ込んでいる。堰堤やダムは山奥というイメージがあるが、JR秋田駅からバスでさほど遠くない場所にあるので、身近に出合える重要文化財の堰堤として代表的な存在でもある。

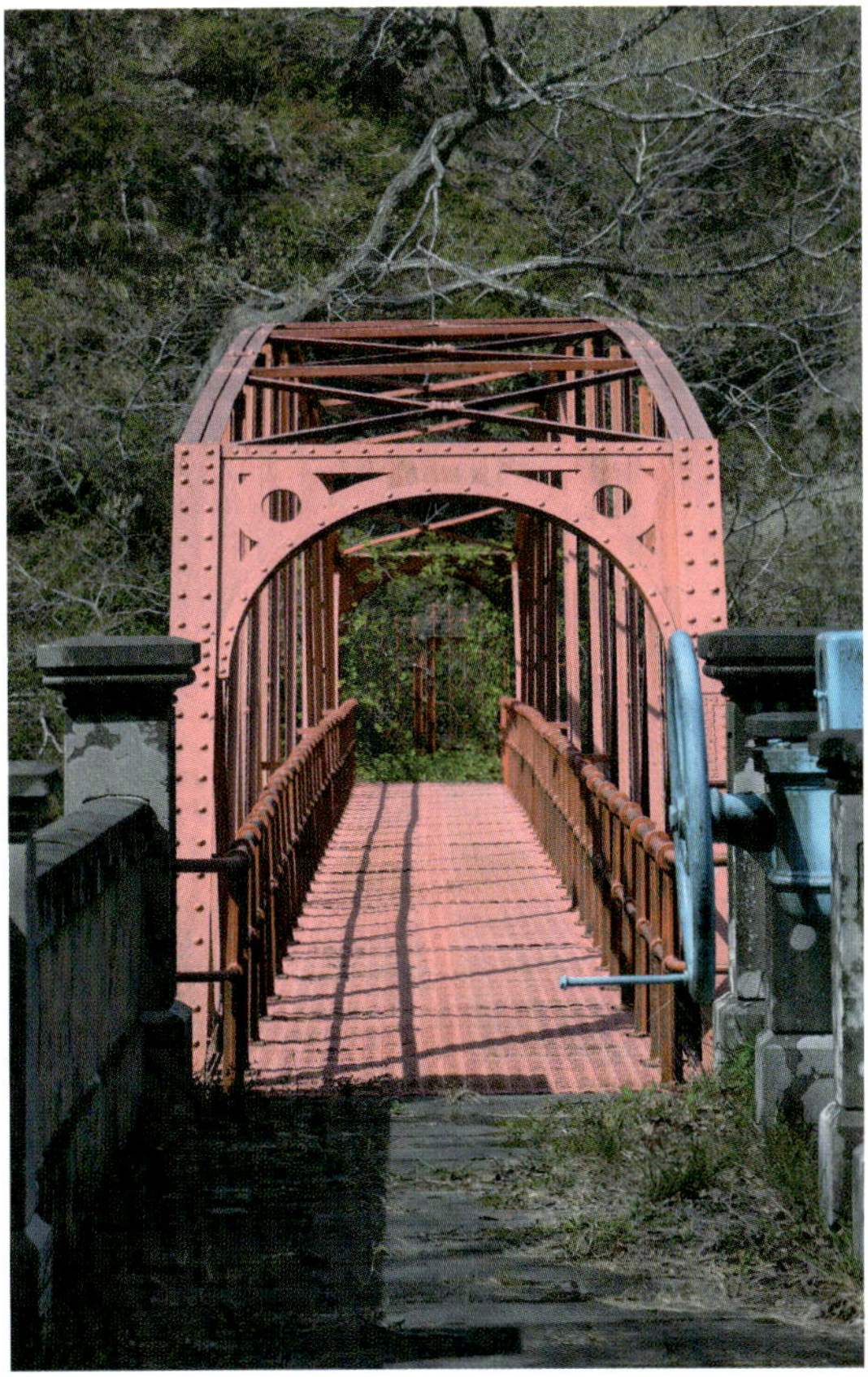
堤上架橋は、幅 1.7m で高さも低く抑えられた下路式のワーレントラス橋

現在、沈殿池の跡地は公園として整備されている

新庄市の民俗写真家・松田高明氏が発見・紹介したことで広く知られるようになった

山形県

生き続ける近代消防の精神

消防ポンプ小屋

消防ポンプ小屋
所在地：山形県新庄市ほか
建設年：不詳

消防ポンプ小屋は、消防団が使用する消防ポンプなどの消防器具を保管する場所である。山形県鶴岡市の旧鶴岡町消防組第八部消防ポンプ庫が知られるが、同じ県内の新庄市や真室川町などの最上郡内でも、数多くの変わったデザインの消防ポンプ小屋が現存し、そのほとんどが現役として使用されている。

建設年代ははっきりしないが、多くは明治27（1894）年にはじまる消防組が昭和14（1939）年の警防団令によって警防団として改編されてからのものと推定される。また、昭和22年の消防団令以降に建てられたものもある。

特に消防組織が求められたのは第2次世界大戦中である。当時、焼夷弾などを投下された際に真っ先に消火にあたる組織は不可欠で、何より警防団令はこうした理由のもとで制定されている。

デザインに目を転じると、戦時中は警防精神の徹底を国が目指していたこともあり、外壁に旭日旗をあしらったものもある。形状は当初のまま現存する例は少なく、納めるポンプや車の変化に応じて増改築がなされている。

日本各地に、まだ多くのこうした地域資産があるはずなので、身近な資産を発見する楽しみを見出していただきたい。

宮城県

中央の天井クレーンと幅の広い越屋根が形状に影響を与えている

日本で最初の水力発電所

三居沢発電所

三居沢発電所
所在地：宮城県仙台市青葉区荒巻三居沢16
見　学：要問合せ　　建設年：1909年
【国登録有形文化財】

三居沢発電所が建つこの地は、日本の水力発電の発祥の地として知られている。

宮城紡績会社は、三居沢の工場施設内に紡績機械用の水力を利用した発電施設を設け、明治21（1888）年7月1日に東北地方で初めて、水力発電で電気を灯すことに成功する。現在の建物は、明治40年着工、同42年竣工の洋風建築である。翌年から運転を開始し、今もなお現役の発電所として稼働している。棟札から大工棟梁は伊藤今朝五郎、脇棟梁は伊藤利三郎と判明している。設計者は、宮城紡績会社を設計している山添喜三郎である可能性が指摘されている。

発電所の脇には電気百年館が建つが、双方向かい合う壁はガラス窓で仕切られており、稼働する発電所の様子を機械の音とともに楽しむことができる。小屋組をクイーンポストトラス（対束小屋組）として広い空間を確保し、中央には荷揚げ用の天井クレーンが存在感を放つ。中央部の柱は、このクレーンを支えるためのもので、この設置にともなって熱を逃がす換気用の越屋根は幅広のものとなっている。

背面の斜面には、明治33年築の放水用の隧道《ずいどう》が現存する。これらは、電気百年館の敷地外にあるため間近に見ることはできないが、2階のバルコニーから確認ができるので、見忘れないようにしたい。

宮城県

石井閘門

舟運を物語る
北上川運河のシンボル

重要文化財指定

平成23（2011）年3月11日の東日本大震災では、多くの文化財が被災した。被災した国の重要文化財（以下「重文」）のひとつに、宮城県の石井閘門がある。震災による津波の影響で、多くの箇所に被害の爪痕を残し、平成24～25年度にかけて補修事業が行われた。

重文になると、修復などの手を加える際に、文化庁長官の許可を要する等の制限がかかり、時には保守管理に対しても規制が及ぶ。土木施設にかぎらず、現役の施設は保守管理の手が頻繁に入るため、重文指定への動きがあると、通常の施設管理者であれば、少し身を引いてしまうところであろう。

近年、文化財となる土木構造物が増えてきたが、これは重文のような規制が生じない登録有形文化財制度が広く普及したためである。石井閘門は、国土交通省東北地方整備局北上川下流河川事務所が管理するもので、重文への指定は特筆すべきことといえる。あまり知られていないが、国土交通

北上運河側から見た石井閘門。建設当初の扉は木製であったが、現在は鉄製のものに変えられている（写真はいずれも東日本大震災前に撮影したもの）

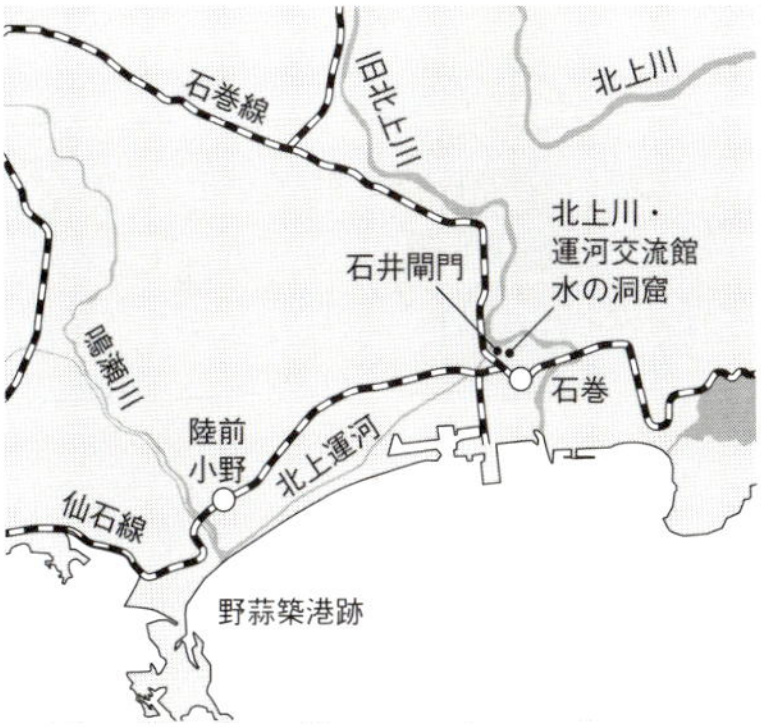

石井閘門周辺図

石井閘門
所在地：宮城県石巻市水押３丁目６地先
建設年：1880年
【国重要文化財】

省が所管する土木構造物には、重文や登録有形文化財が多数ある。

閘門の現役生活は長い

現在、閘門の重文は4例あり、中島閘門（富山県の所管）を除く3例が国土交通省所管である。こうしてみると閘門は、現役の土木施設としては、重文になりやすいといえそうである。見方を変えると、閘門はそれだけ将来にわたる保存が可能だということになる。

歴史的土木遺産の保存が困難になるのは、現在要求される性能を満たしていない場合や、管理者が不在になったり、施設が不要になったりした場合等である。例えば、道路施設では、交通量や輸送量の増大にともなって、要求される性能が向上するため、歴史的価値を持つ道路橋であっても、拡幅等によって架け替えざるを得なかったものは多い。また、航路標識（灯台）施設は、機械化にともない管理が無人化されたことで、管理者用の吏員退息所が、歴史的な価値を持っていても失われた事例がある。

閘門は、水位を調整して舟運の便を図るための施設で、道路のように通行や輸送の需要が増えておらず、かつ、需要は減少していても失われたわけではない。また、閘門の開閉が機械によって無人化しても、大きく仕様を変えずに対応することが可能であった。閘門の保存が可能なのはこのためである。

閘門の歴史的価値

重文となるには、歴史的な価値が高くなくてはならない。日本の近代化に交通の発達は不可欠だが、近代化の初期の主役は舟運《しゅううん》であった。その施設には、重要な価値を持つものが多く、重文の閘門が多いのもこのためである。

石井閘門は、明治初期に計画された野《の》蒜《びる》築港事業にともなうもので、明治11（1878）年に起工し、明治13年に竣工した。野蒜築港事業は、わが国の港湾造成事業のなかで西欧の技術を取り入れた最初期のものとして知られる。

この事業において、鳴瀬川と旧北上川の河口の間に北上運河が開削されることになり、石井閘門はこの運河の旧北上川側に設けられた。その名は、当時の内務省土木局長・石井省一郎にちなんで付けられた。オランダ人技師のファン・ドールンの計画のもと、工事は内務省の早川智寛と黒沢敬徳を中心に進められた。野蒜築港事業は、運河開削と石井閘門の設置から始まったため、石井閘門は事業の記念碑的な存在でもある。構造は、扉の付く閘頭部と閘尾部にレンガを使用し、中央部の閘室の側壁（護岸）は石材を積んでいる。

遺産を活かす景観への期待

平成11年、北上運河の起点付近に著名な建築家・隈研吾氏の設計で「北上川・運河交流館 水の洞窟」が新設された。堤防の盛土に埋まったような姿で、景観に配慮した設計がなされている。施設としては気が利いているが、歴史的土木遺産の活用という点では少々物足りない。交流館は、説明文等を極力少なくしたため立ち寄りやすい雰囲気はあるが、歴史的土木施設への理解を助けるための情報発信機能を欠いている。
また、石井閘門と目と鼻の先に建ちながら、交流館と閘門は無関係のような印象を与える。交流館の上部は周辺の堤防よりわずかに盛り上がっている。もう少し高ければ、堤防から石井閘門を見学できるのだが、現状は見えそうで見えないのである。設計者の意図は理解できるが、堤防よりも高くなってしまうのであれば、石井閘門が見えるところまで高くしてくれればというのは、少し欲張りすぎだろうか。なお、この交流館は東日本大震災で被災し、2016年5月現在、休館となっているが、施設上部の遊歩道は歩くことができる。

とはいえ、現地を見るとこのことは些細な問題で、最も大きな問題は、石井閘門をまたぐ形で通っている道路である。けれども、これは歴史的価値が認識される以前のことなので、批判をしても仕方がない。道路と閘門の良好な関係を築く方法は、次世代の技術者達がきっと工夫してくれるに違いない。

保守管理のため水を抜いたところ。中央部が石積み、両端部がレンガ積みとなっている

北上川・運河交流館 水の洞窟（設計：隈研吾建築都市設計事務所）

群馬県

堤高日本一のバットレスダム

幾何学的に構成された構造物が森の中に浮かび上がる

丸沼堰堤

丸沼堰堤は、尾瀬国立公園の一部を抱える片品村にある。その規模は、堤高32・1m、堤頂長88・2mで、基本設計は当時の土木工学第一人者・物部長穂、実施設計は浅見東三、岩本常次、施工は鹿島組（現在の鹿島建設）で昭和6（1931）年に竣工した。重要文化財の指定名称では当時使用されていた「堰堤」という言葉が用いられているが、現在の河川法で見れば高さ15m以上あるため「ダム」に分類される。電力会社が所有するダムの重要文化財指定は、読書《よみかき》発電所施設に次いで2例目である。

丸沼ダムは、下流の大尻沼との境に位置している。下流の一ノ瀬発電所は、主に大尻沼の水で発電されるが、大尻沼との水位調整で丸沼の水が補給される仕組みである。最大の特徴は、全国でも例の少ないバットレスダムという構造形式にある。この形式は、当時でも8基、現存するものは6基とされ、そのなかでは最大規模を誇る。上流側にある丸沼ダムは、鉄筋コンクリート造の遮水壁で水を堰《せ》き止める必要がある。この遮水壁で受けた水圧を下流側で支えるのが、バットレス構造を採用した構造体ということになる。バットレスは、建築では控え壁というが、土木では扶《ふ》壁《へき》と呼び、縦方向で巨大な三角形（実際は台形）の壁を設置して遮水壁を支えるもので、水平方向に梁を架けて構造を一体化するため、グリッ

丸沼堰堤（丸沼ダム）
所在地：群馬県利根郡片品村大字東小川字根子地先
建設年：1931年
【国重要文化財】

ド状の姿となる。下流側から見た姿は、コンクリートの重力式ダムに比べて軽快に見えるが、縦方向に入るバットレスがダム湖の水を支えていることを想像すれば、とても力強く感じられるはずだ。

冬場は気温マイナス20℃まで下がり、コンクリート部分の凍害劣化を引き起こすため、維持管理は凍害との戦いとも言える。渇水時の電力補給を目的とする貯水池なので、冬期に水位が低下し、遮水壁が露出するために凍害を受けやすい。そのため、竣工からこれまで、遮水壁の補強等の工事が繰り返し行われてきた。しかしながら、現在まで、外観上の大きな変化はなく、当初の状態をよく留めている。

見学に際しては、ダムの近くに遊歩道があり、下流側の側面から全景を見上げることができる。かつて小さな発電所がダムの脇にあったとされ、その痕跡をこの場所から望むこともできる。東京電力パワーグリッド渋川支社作製の利根川水系エリアマップによると、ひとつの発電所に連続した2つのダム湖で発電する例は管内では少ないそうだ。ぜひ一度訪れて、近代技術の力強さを感じてほしい。

縦方向にバットレスを並べ、遮水壁全体で水を支える

堰堤の上流側を見る。遮水壁の漏水と冬期凍結対策が重要である

浴場は明るく開放感がある。浴槽やタイル、仕切壁など最小限の補修で使い続けられてきた

長野県

庶民の暮らしに登場した洋風銭湯

平《ひら》湯《ゆ》

平湯
所在地：長野県諏訪市小和田 17-10
見　学：入場は組合員のみ
建設年：1921 年

日本には、古来より公衆浴場があり、そこには「温泉」がある。諏訪市は温泉地として知られ、重要文化財の片倉館がある。片倉館はプールのような風呂に立式で入浴する浴場だが、平湯は浅い浴槽につかる昔ながらの銭湯形式で原則的には組合員のみが利用できる。平湯は、上諏訪温泉のひとつで、多くは硫黄泉である。「平温泉」とも呼ばれるが、この「平」は、平民（下級武士・農民・職人・商人）などを指し、庶民の入浴する温泉であることを示している。階級社会に由来する呼称で、古くからの温泉地であることがわかる。

建物は、大正10（1921）年に建てられ、大正13年に改築が行われた。外壁は洋風下見板張りで、軒にも洋風の持送り、玄関部分の妻壁はハーフティンバー風とするなど明治期の古典様式のデザインを簡略化させたような大正期の特徴的な表情を見せている。瓦には、「温」と記されているので見落とさないようにしたい。

現在は、玄関を入ると脇に番台があり、そこから脱衣所と浴槽が一望できる。浴槽は、基本的には当初のまま使用されている。

道路の角地に建つことで、正面性を強調したデザインとなっており、地域のランドマークとして親しまれている。

小屋組は、垂直材を２本左右対象に持つクイーンポストトラス（対束小屋組）で、中央に換気用の越屋根が載り、背面の壁面上部は広い窓となっているためとても明るい

映画『テルマエ・ロマエ』（2012 年）で主演の阿部寛が力士にかつがれ外に連れ出されるシーンはこの平湯で撮影されている

番台は和風の押縁下見板張り、天井仕上げや持送りは洋風である

牛伏川本流水路（牛伏川階段工）
所在地：長野県松本市大字内田字内田山
建設年：1917 年
【国重要文化財】

水の連なりは、視覚と聴覚の両方で癒しを与えてくれる

長野県

牛伏川本流水路

計算し尽くされた砂防と造形美

豊かな樹木で包まれた山肌を流れる自然の川のごとく環境に溶け込み、流れ落ちる水のしなやかさに人々は魅了される。緩やかな曲面を描きながら階段状に水が流れ落ちてくる様子は優雅で、美しい砂防施設である。この牛伏川階段工は、別名フランス式流路工とも呼ばれる。これは、フランス東南部にあるサニエル渓谷の階段状の砂防工法を参考にしたためとされる。設計者は、欧州に派遣経験のある内務省技師の池田圓男である。工事は大正５（１９１６）年度に実施され、竣工は大正６年である。

牛伏川は、延長約９㎞の川で、信濃川水系の一級河川である。古くから信濃川河口が閉塞すると水害を引き起こすとして、河川改修が必要とされていた。その改修工事にあたり、水害を引き起こす土砂の多くは、牛伏川に中心的な要因があると判断された。

流れが緩やかな場所で土砂は溜まり、増水時に氾濫を引き起こす要因となる。この悪循環を改善させるため階段工を設置させることになった。

　階段工は床固工と呼ばれる砂防施設のひとつで、川床（階段部分）を固めることで、川底の土砂や川の両側の土砂が削り取られるのを防ぎ、土砂を安定させる役割を担っている。勾配が急に変化すると、土砂が川底に溜まりやすくなり、その状況で増水すると災害につながる。そのため、安定を保つよう河床を緩やかにし、水の流れる速度を緩和させるのだ。

　その長さは141mで、落差は23m、花崗《かこう》岩の割石材で表面が覆われた階段は19段ある。牛伏川下流域の急勾配の土砂流出を防ぐことが主な目的で、その途中に階段工を設置して、流れが緩やかになるよう操作されている。

　土木は地形を相手にするため、そのスケール感にしばしば圧倒される。河口に溜まる土砂を防ぐために、山中の砂防施設を整備するというスケールの大きさは土木だからこその視点である。その地形との関係を踏まえて向き合うと、より一層この階段工の持つ意味を感じられるのではないだろうか。

上流部から下流を見る。傍らには並行して遊歩道が整備されている

河床、護岸の積石。緩やかな勾配が感じられる

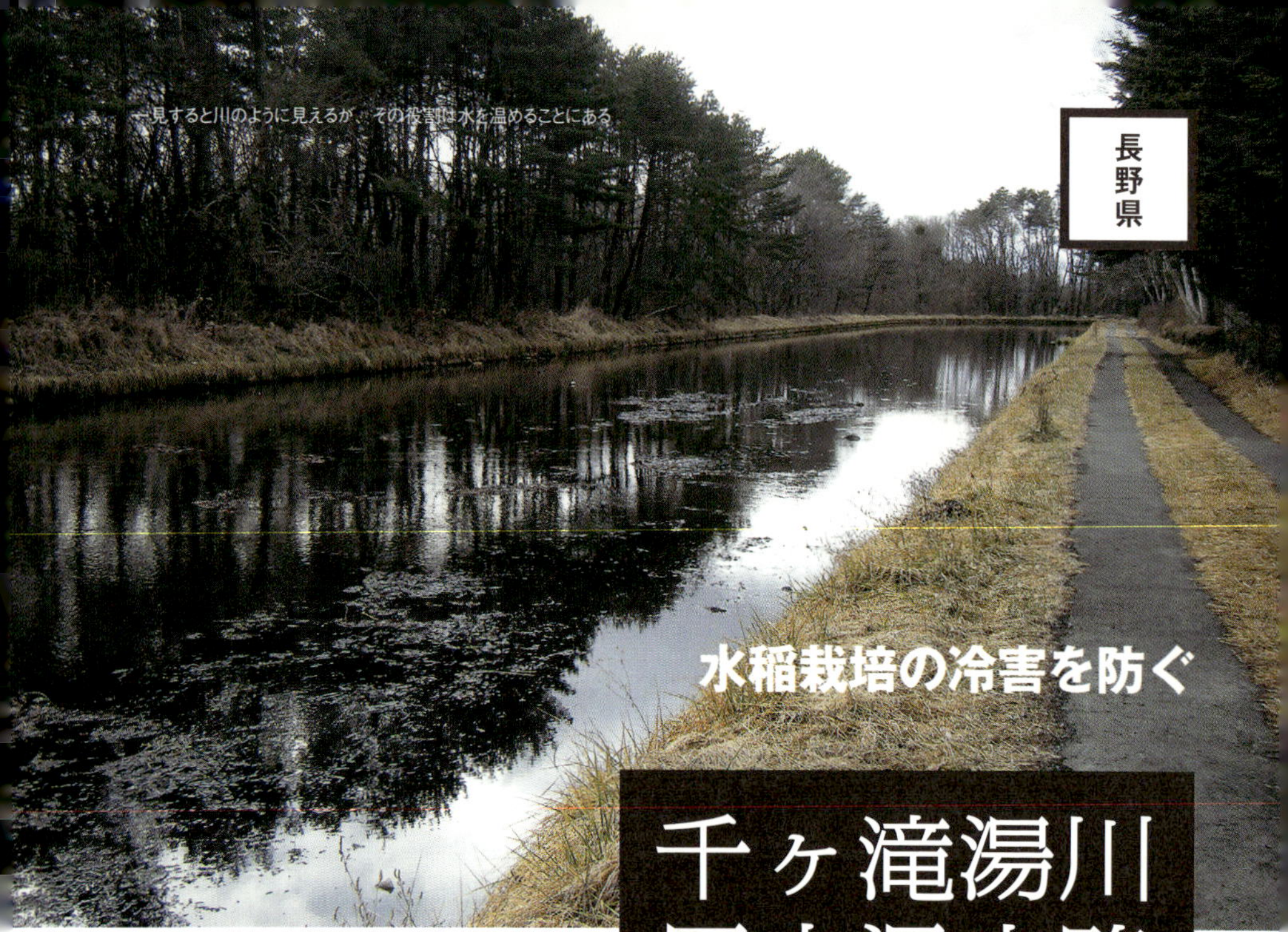

一見すると川のように見えるが、その役割は水を温めることにある

長野県

水稲栽培の冷害を防ぐ

千ヶ滝湯川用水温水路

千ヶ滝湯川用水温水路
所在地：長野県
建設年：昭和40年代

温水路と聞くと、温かい水が流れているように思うかもしれないが、その水は冷たい。見た目は、ただの川にしか見えないところが、温水路のおもしろさである。

実は、温水路は冷たい水を温める施設である。冷え込みの厳しい地域で、冷たい水を水田に注ぐと稲が育成障害を起こす。夏場でも気温が上がりにくいため、水田の水温も上がらない。そのため、引き込む水の温度を上げる工夫が施されている。

温水路は、秋田県の上郷温水路群が知られるが、避暑地の軽井沢にも千ヶ滝湯川用水温水路がある。その歴史は江戸期にはじまるが、温水路としては昭和40年代に完成した。標高が１２００ｍと高い軽井沢で約５００haの農地を潤す、延長９３４ｍの温水路である。水深は20㎝と浅く、流れはとても緩やかで、途中何段も段差がある。川と考えると20ｍという幅は狭いが、用水路にしては広い。水深を浅く、川幅を広く、勾配を緩くすることで太陽光で温めやすくする。さらに段差を設けることによって水が空気と撹拌されて温まりやすくなる。つまり、この水路には計算された意味があるというわけだ。

土木や建築の多くは、その形状や仕様に意味がある。そのことを意識しながら見ると、よりおもしろくなってくるはずだ。

桂川に並行してつくられた取水口施設

山梨県

一連のシステムを一望できる水路式ダム

八ツ沢発電所施設

八ツ沢発電所施設
所在地：山梨県大月市、上野原市
見　学：可（要申込み）
建設年：1912 年
【国重要文化財】

八ツ沢発電所施設は公共事業ではなく、東京電燈株式会社による民営事業として誕生した。発電所には、ダムで貯水してその落差で発電するダム式、川の上流で小規模に貯水して適度な落差が得られる場所まで水路で水を導いて発電する水路式、2つをあわせたダム水路式などがある。この発電所は、14㎞の範囲に点在する水路式ダムである。明治41（1908）年に完成した上流の駒橋発電所で放水した水を再利用した発電施設として誕生した。

八ツ沢発電所には、取水口施設、隧道《ずいどう》、水路橋、堰堤など、発電にかかわる土木構造物が20棟現存し、水路式発電の一連のシステムが一望できる施設として、重要文化財に指定されている。

水路橋は4棟現存するが、特に第1水路橋は、デザインについて着目されている。明治45年竣工のこの橋は、渓谷をひとつのアーチでまたぐ、長さ42・7mの鉄筋コンクリート造で、日本三奇橋のひとつに数えられ、同じ大月市内にある猿橋を模したとされる。意匠的に、アーチの上に柱型（扶壁《ふへき》）を連続させて見せている点は大きな特徴である。明治時代につくられた鉄筋コンクリート造の橋梁というだけでも、国内では早期の例として注目されている。

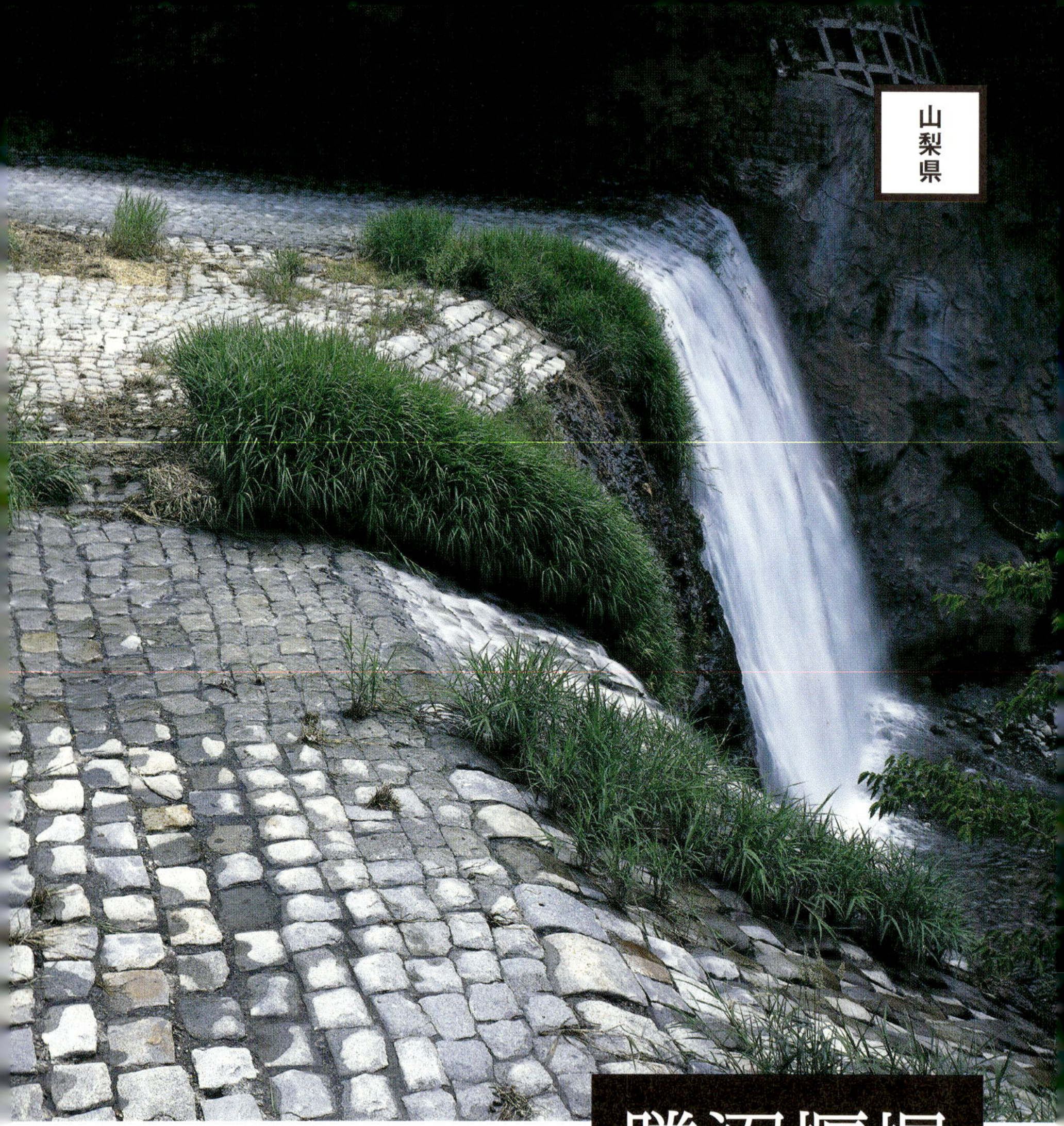

山梨県

勝沼堰堤

石積みがもたらす
豊熟なぶどう栽培

ぶどう栽培に適した地

日本のぶどうとワインの産地といえば、著名なのは山梨県である。そのなかでも、甲州市勝沼町を知らない人はいないだろう。実は、この勝沼町には歴史的な土木遺産も数多く残るのだが、この堰堤を知らない人は多いかもしれない。この歴史的な土木遺産は、純粋な農業土木の施設とはいえないが、ぶどうやワインと深いかかわりを持っており、国の登録有形文化財にもなっている。

勝沼町にぶどう畑が登場したのは、文禄元（1592）年のことといわれている。そして、ぶどうの栽培が本格化するのは、明治初年にアメリカ品種が導入されてからのことである。古写真を見ると、当時から、平地から斜面にかけて、びっしりとぶどう畑が覆いつくしていたことがわかる。その姿は今でも変わらない。町内の各所に、青々としたぶどう畑を6月から10月頃まで見ることができる。ここはぶどう栽培に適した土地なのである。

床石が貼られた堰堤を流れ落ちる日川の水

ぶどう畑のなかに残る水制

勝沼堰堤
所在地：山梨県甲州市勝沼町
建設年：1917 年
【登録有形文化財】
【選奨土木遺産（土木学会）】日川の堰堤と水制群

日《ひ》川《かわ》水制群

日川沿いのぶどう畑のなかに見られる歴史的な土木遺産に、日川水制群がある。水制は、河岸の浸食を防ぐために、河岸に衝突する水流を避け、そこに土砂を沈殿させる目的で設置された土木施設である。日川水制群は、明治44（1911）年10月18日の着工、大正4（1915）年10月30日に竣工した。この水制の目的は、河川の底面をさらって土砂を取り去り水路を安定させて河岸の崩壊を防止し、あわせて流出土石の一部を抑留し、土石流を止めるというものである。T字形の水制74基を配置して河《か》道《どう》に直交させ、大規模な土石流で水制の一部が破壊されても、被害をくい止めることができるという考え方である。

もともと日川は水害が多く、氾濫によって、ぶどう畑が浸水してしまうこともしばしばあった。明治後期、すでにぶどう栽培で潤っていた当時の日川村は、氾濫をおさめる砂防工事を計画し、内務省東京土木出張所の直轄事業の工事として建設された。

日川水制群は、ぶどう畑にまるでもぐらが通ったかのように水制の幹部が埋まっている。これは、浚渫《しゅんせつ》した土砂を水制の間に埋めて、ぶどう畑などに使用したためである。水制の様子を見るのは、日川にかかる祝橋のところからが良い。祝橋は、コンクリート造のアーチ橋梁で、コンクリート造ならではといった造形美、重量感を持つ。昭和5（1930）年11月25日の竣工で、設計は正木藤一、施工は川口土是である。現在は、水道橋として活用されており、橋の中央に上水道が通り、水道管にはベンチや展示プレートがある。全面的に改修されているが、構造上安全と判定された一部の欄干（幅5m）は、当時のままの姿を残している。

勝沼堰堤は、日川の中流域の蛇行点にあたるところにある。そこを堰堤でふさぎ、堰堤脇の岩盤を削り落とし、川の水がむきだしの岩盤から滝となって流れ落ちる形で、その全体を砂防堰堤とした施設である。この堰堤は、日川水制群の後に砂防工事として建設された。水制群と同じ内務省東京土木出張所の設計施工で、大正6年3月31日の竣工である。

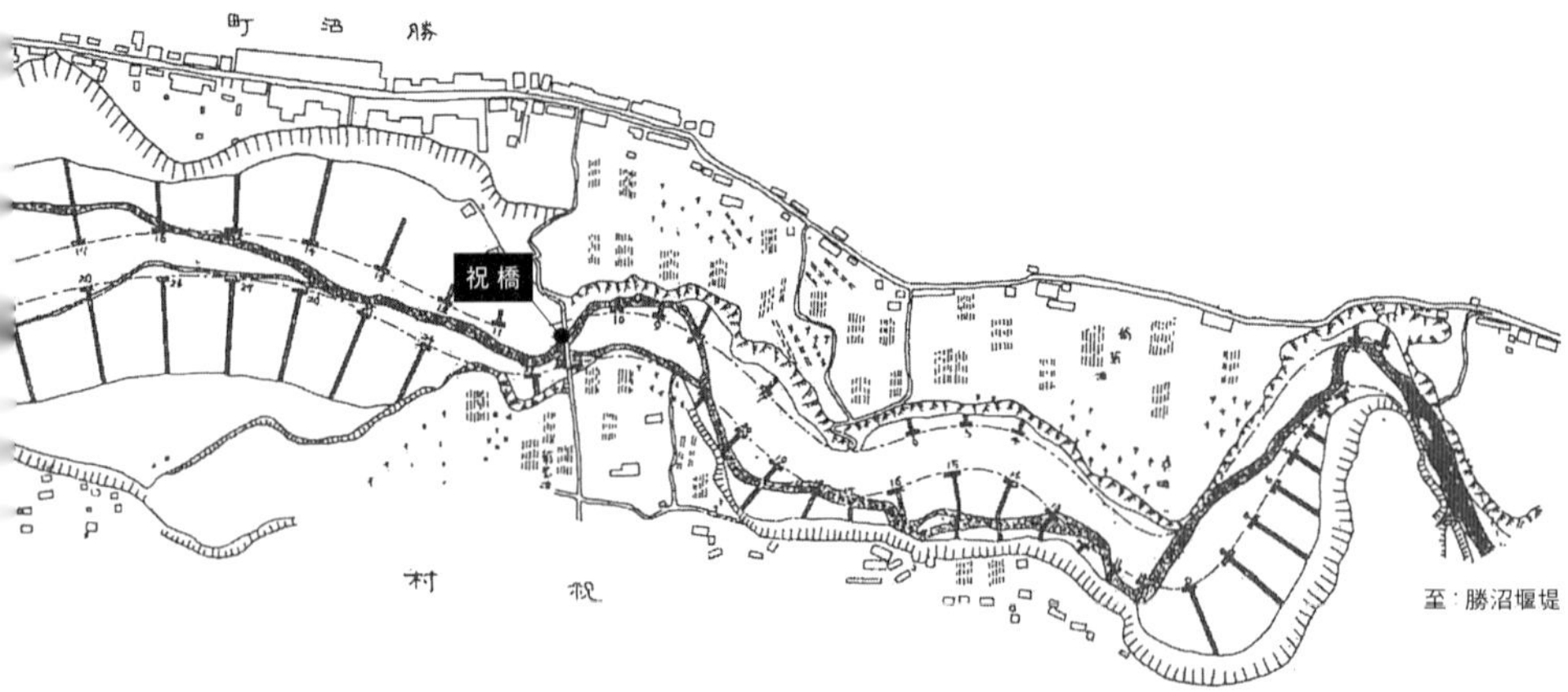

石積みが活きるまち

現在、川を挟んだ両側の山の斜面には、山肌を覆いつくすように、ぶどう畑がある。山の斜面も、ぶどうの栽培には適したところである。砂地、斜面、川とくれば、砂防施設がつきものである。ぶどうが栽培されているところに、このように砂防施設があるのは、実は偶然ではないのである。

勝沼町には、ぶどう栽培やワイン製造に関係して建てられた歴史的な土木遺産もある。例えば、日川の周辺には、大正期に築かれた半地下式の石積みのぶどうの貯蔵庫（セラー）がある。これらは、ぶどうの貯蔵庫なので、ワインセラーではない。半地下式のものは、ぶどう棚の一角にあるもの、付近の竹林にあるものなどがいくつか残る。川沿いにあるのは、水冷式の貯蔵庫である。

また、近年修復された旧宮崎光太郎家の第一醸造所には、日本でも最古の部類に属する地下式のワインセラーが残る。明治25年頃に建設されたもので、割石積み、レンガ敷、4間×6間の規模である。

龍憲《りゅうけん》セラーは、アーチ式レンガ造の半地下式のセラーで、明治33年頃に築造されたと伝えられている。地上部分の壁面は石積みで、平成10（1998）年まではセラーの上にぶどう畑があった。石積みに使われている石は、地下室を掘る段階で出てきた石で、周辺の民家の石垣にも使用されている。

地域の特産品のような農作物は、地域の気候風土に合ったものが生産される。土木遺産も、地域特有の地勢に応じてつくられる。こう考えてみると、農作物と土木遺産のつながりは、意外に深いことに気が付く。

例えば、勝沼町のワインセラーに使われている石積みは、川の氾濫がもたらした石を有効に使う手段のひとつだっただろう。また、現在町内に広がる豊かなぶどう畑は、川の氾濫に対抗する砂防施設の建設がもたらしてくれたものともいえそうである。

勝沼町は、伝統の農業と土木遺産が活き続ける町なのだ。勝沼を訪れる際には是非、歴史的な土木遺産にも足をのばしていただきたい。

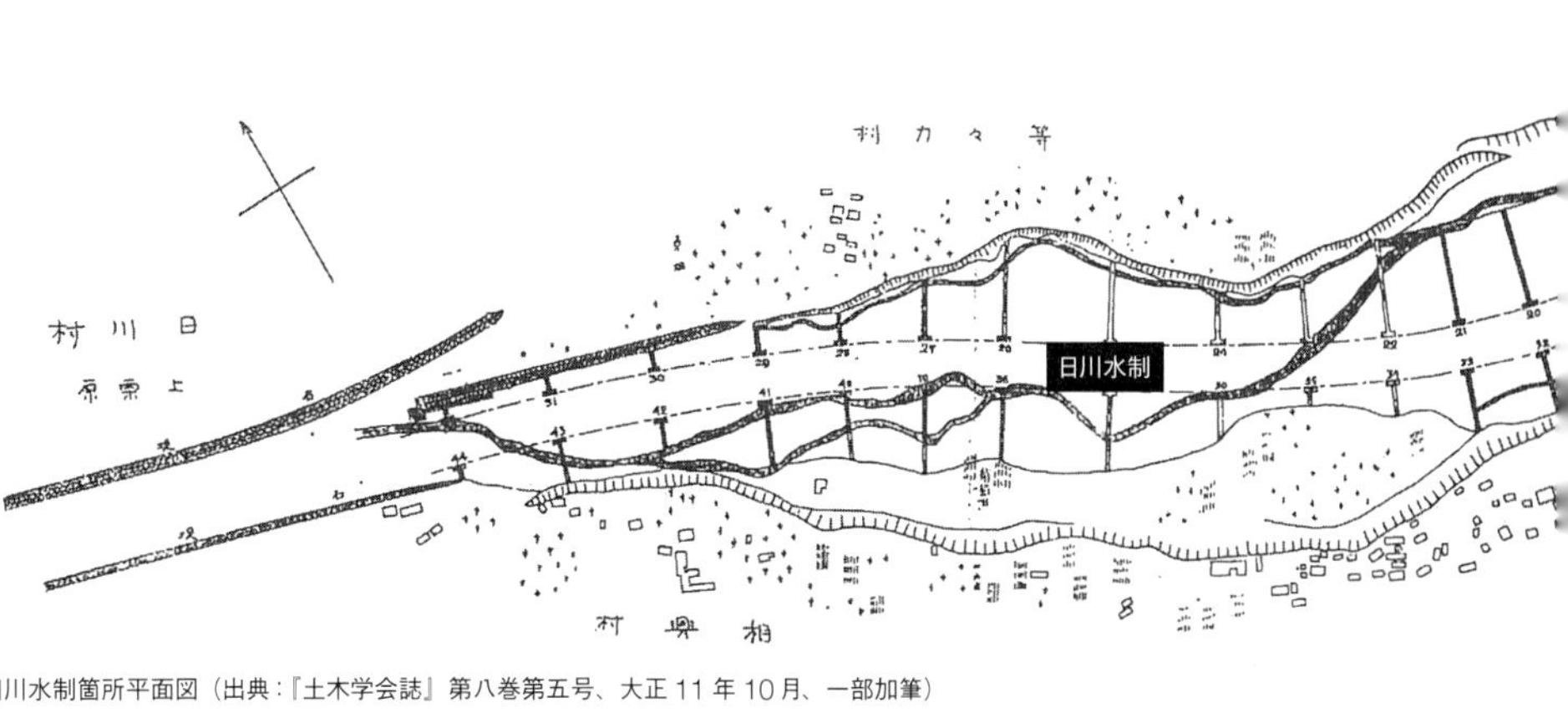

日川水制箇所平面図（出典：『土木学会誌』第八巻第五号、大正11年10月、一部加筆）

茨城県

横利根閘門

土木遺産継承に欠かせない
リベット接合

国内最大規模のレンガ造閘門

横利根閘門は、利根川と支流の常陸利根川（霞ヶ浦）を結ぶ横利根川とが合流する箇所に建造された水門である。技術的に優秀で歴史的な価値も高いとして平成12（2000）年に国の重要文化財に指定された。約280万個のレンガを使用した長さ90・9m、幅10・9mの国内最大規模のレンガ造の閘門で、現役のレンガ造閘門は国内でも数基しか存在しないとされる。

閘室は、護岸の傾斜した法面部分（側壁）にコンクリートブロック（当時は「混凝土塊張」と紹介）が使用されている。

工事は、明治33（1900）年4月に開始された内務省の利根川改修工事の第二期工事の一部として大正3（1914）年8月に起工し、大正10年3月に竣工した。工事を担当したのは、内務省技師で内務省東京土木出張所利根川第二期改修事務所長であった中川吉造である。

利根川から見た横利根閘門全景。まわりは公園として整備され憩いの場となっている

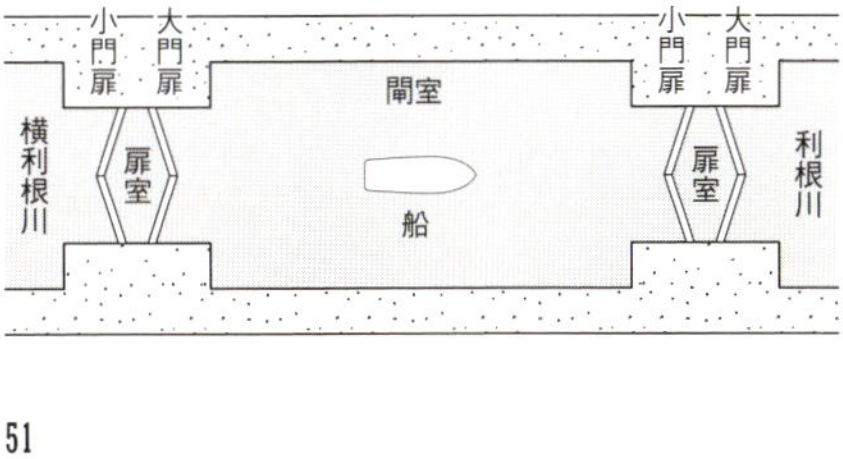

上：リベット技術での修復が行われた
下：横利根閘門の仕組み（複閘式閘門平面図）

横利根閘門
所在地：茨城県稲敷市西代地先
建設年：1921年
【国重要文化財】

二重の閘門扉と花崗岩の持つ意匠性

施設は、閘室と前後2カ所の扉室で構成される。扉室は、閘門扉を備えた場所である。横利根閘門では、閘門扉は閘室側に付いて、利根川側に開く大門扉と、横利根川側に開く小門扉があるため、鉄製の閘門扉が4カ所設置されている。この大門扉と小門扉で閉ざされる部分を扉室と呼び、この二重の門扉を持つ形式を複閘式閘門と呼ぶ。一般的な閘門扉は一重だが、横利根閘門が複閘式を採用したのは、通常の川の流れへの対応に加えて、利根川の逆流に備えたためとされている。

閘門を支えるレンガの壁体の端部は、扉の開閉で水流が起きやすい場所や船舶があたって傷みやすい箇所などに、曲面を取った花崗《かこう》岩の隅石が施されており、これが意匠性も高めている。閘門上端など他の箇所で使用されている花崗岩も、傷みやすい個所の保護の側面が強いのだろう。

リベット接合の技術

横利根閘門は、平成6年に修復工事が行われたが、このとき扉に使用されたリベット接合が再現されたことで話題になった。リベット接合は、大正12年の関東大震災後の復興事業において、帝都復興院の事業を継承する形で誕生した内務省復興局が行った復興橋梁がよく知られている。隅田川に架かる橋梁群がそうであるように、鋼製の多様なデザインの橋梁を架設し、その際のプレートの接合にはリベットが使用されていた。かつて、鉄製の構造物の接合部にはリベット接合が使用されていた。しかし、昭和30年代頃を境に溶接やボルト接合へと移行したため、リベットは一時代前を想起させる施工方法ともいえる。土木遺産を継承していくうえで、リベット接合を施工できる職人は不可欠だが、昨今は職人が不足しているという。

大門扉は高さ約7・3m、小門扉は約5mで、大小の扉ともに水面下にある3・6mの部分までの腐食が激しく、加えて大門扉は上端から1mの部分も腐食が大きかったため、ともに腐食した部分を切断し、新規の鉄材で同形状に再現された。現役施設ではあるが、部材の取り替えを最小限に抑えることで、文化財としての価値を損なわないよう配慮されている。

施工した田原製作所（当時）によると、接合部へのリベットの打ち込み作業は、「焼き方」「鋲差し」「当て盤」「鉄砲方」の4名がチームとなって施工するため、チームワークが求められるという。「焼き方」は、熱したリベットを「鋲差し」へ投げる役割を担い、「鋲差し」は、鋲受けでリベットを受け取る。目的の穴にリベットが納まると「当て盤」がエアー当て盤で固定をする。その反発力による「コンッ」という音を合図に「鉄砲方」がリベットハンマーで頂部を叩き、穴を充填する。この作業に要す時間は5〜6秒であるという。

修復に欠かせない技術の継承

現代は、勘や経験で培われてきた伝統の職人技術よりも、数値による管理や機械による最新技術の施工に高い信頼性を置いている場合が多い。時間を経て技術が蓄積されてきたことで信頼を得てきたものに比べると、新しい技術は長い時を経たときに、どのような欠陥を内包しているか現実的にはわからない場合が多い。特に、リベット接合のように、現代ではほとんど用いられない技術は、土木遺産の修理には不可欠であることを考えれば、一方では職人を育て、道具を保護するなどの対策が必要となる。

近年では、リベットのように頭部が丸頭で、見た目が似た形状を持つトルシア形高力ボルトなどが使用される例もあるという。見た目はリベットに類似するため、外観上の価値を維持することができるという考え方である。

技術の継承に対する取り組みは、一企業の努力にゆだねるだけでは限界がある。横利根閘門にかぎらず、伝統的な技術そのものに真正性があり、その継承なくして保存修復は成り立たないので、産官学の協力、業界をあげた取り組みが望まれるところである。

扉室。右が大門扉、左が小門扉で２組４枚の扉からなる

閘室。船はこの空間で水位調節を待つことになる

千葉県

養老川西《さい》広《ひろ》板《いた》羽《ば》目《め》堰《せき》

先人の知恵を地域性創造へ

養老川西広板羽目堰
所在地：千葉県市原市西広字中川原
見　学：イベント時（数年に一度）
【市原市指定有形民俗文化財】

堰の詳細。解体時に回収できるよう、部材はすべてワイヤーでつながれている

農繁期に登場する仮設の堰

この木造の堰は、農業用水の確保と洪水対策を目的として、大正6(1917)年に着工し、同9年に完成した。完成といっても、常設の構造物ではなく、毎年4月上旬に組み立て、9月末頃に解体する、農繁期だけに登場する仮設的なものである。

昭和54(1979)年、養老川の上流部に可動堰が設置されたことで役割を終え、その後は、同年結成された保存会によって、数年に一度の割合で秋に組み立て・解体が行われている。このため、普段は見ることができない。

この堰が常設ではないことには理由がある。堰が現在の場所に設置されたのは、宝暦9(1760)年頃とされ、この際は俵を使った土堰堤(土俵《どひょう》堰)だったため、洪水のたびに被害を受けた。

明治期に入り土堰堤の中央部が木造の堰に改良され、流量調整が行えるようになった。この改良は、明治14(1881)年に着工し、2度の失敗を経て、同18年に完成した。このときの試行錯誤によって、現在の堰の原形ができ上がったとされる。ところが、この堰も大正5年の洪水で大きな被害を受け、その後につくられたものが本書で扱う堰である。

このように、常設の堰は長い歴史の間で幾度となく被害を受けたので、洪水時に水を放流しやすい仮設的なものへと姿を変えてきた。

唯一現役の板羽目堰

この堰の最大の特徴は、木造で組み立てや解体が可能なことだが、他にも特徴がある。

ひとつは、堰の羽目板を縦に並べることである。こうした板羽目堰は、かつては養老川水系だけでなく、小櫃《おびつ》川水系にもつくられていたが、この堰は唯一現役のものといわれている。

もうひとつの特徴は、例えば、水の力を受ける斜材が左右に振り分けて配置され、水圧を逃がす形になっていることである。また、「横桟木《よこさんぎ》」と呼ばれる部材を外すと堰が一気に壊れる仕組みになっている。さらに、各部材がワイヤーでつながれていて、解体時に部材が流されても回収ができる。

郷土史を体感

現在、この堰を継承する保存会による組み立て・解体作業は、地域のイベントとなり、特に解体時には大勢の人が見学に訪れる。筆者の取材当時、市原市の小学校社会科副読本『わたしたちの市原市』(小学校3年生用)には、この堰の果たした役割や変遷等が掲載されていた。郷土の教育活動に積極的に取り入れられている点は、土木遺産の活用という意味で大きな特徴といえる。

解体イベントでは、施設管理者の粋なはからいで、新しい可動堰の上部が見学者に開放される。解体時には堰の部材が下流側に流れるため、堰よりも下流にある可動堰の上は絶好の見学スポットとなる。

堰の北側には、展示室や休憩室も併設された、堰の解体部材を保管する資料保管庫が建つ。こうした施設も、土木遺産の活用を助けている。

部材の保存

仮設的な構造物の場合、部材は容易に取り替えがきくことが多い。この堰は、特に水中につくられるので、部材の傷みも早く、部材が更新されやすい。部材が取り替えられ、もとの部材が棄てられてしまうと、歴史的遺産としての価値は、大きく失われることになる。昔と同じつくり方を伝承すれば、さほど価値は変わらないのでは、と思われる方もいるだろう。けれども、伝言ゲームのように、時に伝承はあてにならないこともある。

また、施設の維持管理は、常に同じことを繰り返すのではなく、工夫を適宜加えながら行われる場合が多い。このことは、施設を管理する技術者の方なら理解していただけると思う。

つまり、「昔」のまま残すことは困難であるということだ。使用された部材が保存されていれば、「昔」を伝承していることが証明できるし、保存された部材から「昔」を知ることもできる。例えば、施設の維持管理のために加えられた工夫の跡が、部材表面に形として残されていることは意外に多い。

この堰では、資料保管庫があるため、部材が使えなくなった場合に、それを保存しておくことができる。この部材は、後世の人にとって、「昔」を知るための貴重な史料となる。

教育や地域性創造への期待

市原市では、この堰を昭和54年に有形民俗文化財に指定し、保存に努めている。けれども、文化財としての指定だけでは、保存活用を継続していくには不十分である。取材時には、保存会を中心に、可動堰を補修点検する際に、上流の水量を確保する仮の堰としてこの堰を位置付け、組み立て費用を積み立てていた。なかなかの妙案である。

保存活用の継続には、このように現役施設としての何らかの機能を持たせることが有効である。施設の維持と歴史遺産の保存は、相反するように思われるが、実際には表裏一体のものである。

近年、公共事業の効率性等が話題になり、施設の費用対効果が議論される機会が増えつつある。この際、土木施設が持つ自然環境や生態系への影響に対する役割は認識されそうだが、歴史文化遺産としての教育効果や地域性創造に果たす役割はどうも忘れられてしまいそうである。そうならないよう、関係者にはさらに知恵を絞ってもらいたい。

堰解体イベントの様子。見学者には多数の小学生の姿も見られる

水圧を逃がすため、力を受ける斜材が左右に振り分けられるよう配置されている

堰が解体されていく様子

2つのコンクリート造の配水塔をトラスの管理橋が結ぶ

大正期の水道文明を語りかける

駒沢給水所

東急田園都市線の桜新町駅からほど近い世田谷区の一角にその双頭は建つ。大正9（1920）年に上水敷設が認可された渋谷町営（現在の東京都渋谷区）の上水道施設として、翌年5月に起工式が行われ、同13年3月に工事が完了し、同時に通水が開始された。第2号塔が大正12年3月、第1号塔が同年11月にそれぞれ完成し、第1号塔の完成時に中央に管理用のトラス橋を設置して2つの塔を連結した。第2号塔が完成し、第1号塔が完成する直前に関東大震災に見舞われたものの被害はなく、第1号塔はそのまま建設された。

設計計画は、日本の近代水道の父・中島鋭治、基本設計は西大條覚で、構造設計は岩崎富久、工事は渋谷町の主任技師・仲田聡治郎と技手・吉田篤三が担当した。構造は鉄筋コンクリート造で、塔の高さは最上部までは約30m（内部天井までは約23m）あり、平成11（1999）年の給水所の機能停止とともに当初の役割を終え、現在は災害時の応急給水施設として水を蓄えている。

双頭とトラス橋がよく知られているが、敷地内に目を転じてみると、他にも多くの歴史的建造物が現存する。その一部を紹介すると、まず正門には大正13年竣工の門柱が現存する。

第1配水ポンプ所と配水池は昭和7（1932）

駒沢給水所（配水塔・配水ポンプ所）
所在地：東京都世田谷区弦巻2-41
見　学：構内はイベント時のみ可
建設年：1924年
【選奨土木遺産（土木学会）】

年の竣工である。第1配水ポンプ所は、基壇を石張り、外壁をスクラッチタイル張りとしたもので、モダンな香りを感じさせる一方、列柱を模した柱型と方形の窓で構成されたファサード、半円アーチの窓、出入口まわりの装飾などは、古典様式の名残もある。ポンプを備える室内も、クレーンを支える持送りや腰壁のタイル、踊り場の手すり壁などデザイン的にも凝っている。

第1号塔の南側に立つ上水道布設記念碑は、昭和2年3月の竣工で、設計者は市之瀬仁重郎である。構造はコンクリート造で高さは約12mあり、写真で見る印象よりかなり高い塔状の碑である。頂部に装飾球を備える記念碑の台座は、この円形池とに張り出すように設計されている。その前面には、直径5mほどの円形池があり、大正12年の竣工の噴水台を備えている。

第2号塔の北東側にある量水計室は、水量を計測する機械を備えた建物で、大正12年に竣工した。

現在は、駒沢給水塔風景資産保存会によって、保存や活用について積極的な取り組みがなされている。

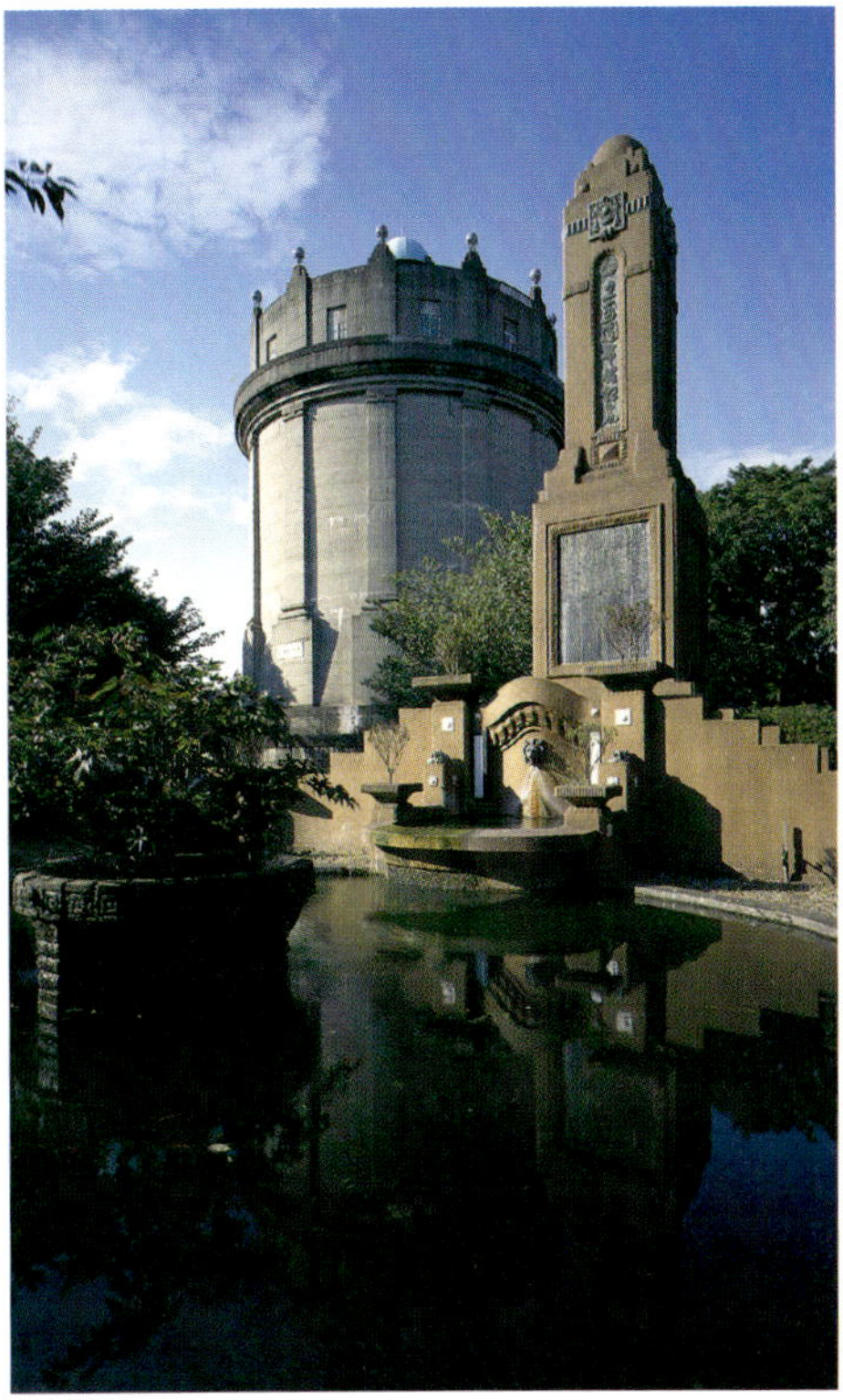

円形池の傍らに立つ水道敷設記念碑

テラコッタタイルで仕上げられた旧ポンプ室

独特な形状の鉄骨のトラスの小屋組と
据え付けられたポンプの迫力を体感してほしい

東京都

下水処理の工程が一望できる

旧三河島汚水処分場 喞筒《ポンプ》場施設

かつては東京23区内の至るところを走っていた都電の唯一現存する路線として知られている荒川線の荒川二丁目駅からすぐの場所に、旧三河島汚水処分場喞筒場施設が残る。隅田川中流にある下水処理施設で、喞筒場施設は、地下に流れ込む下水を、地上にある水処理施設に通すため、ポンプで吸い上げて送り込む施設である。

この施設は、明治21（1888）年公布の東京市区改正条例の事業の一環として設けられた。建設は、東京市の技師・米元晋一を中心として進められ、大正3（1914）年に起工し、大正11年3月に運転が開始された。長らく東京の下水処理を担ってきたが、平成11（1999）年3月に別のポンプ施設へと切り替えられたことでその役割を終えている。

敷地内には、東西の阻水扉《そすいひ》室、沈砂池《ちんさち》、濾格《ろかく》室上屋、土運車引揚装置（インクライン）用電動機室、量水器室、喞筒井および喞筒井接続暗渠《あんきょ》、喞筒室、門衛所、正門と、下水処理にかかわる構造物がまとめて残る。このように、近代化遺産としては一連の下水処理システムが一望できるという特徴の他、近代建築としてはウィーンに始まるゼツェッシオン（分離派）という当時流行していた建築様式の影響が見られるなど、優れたデザイン性も評価されている。

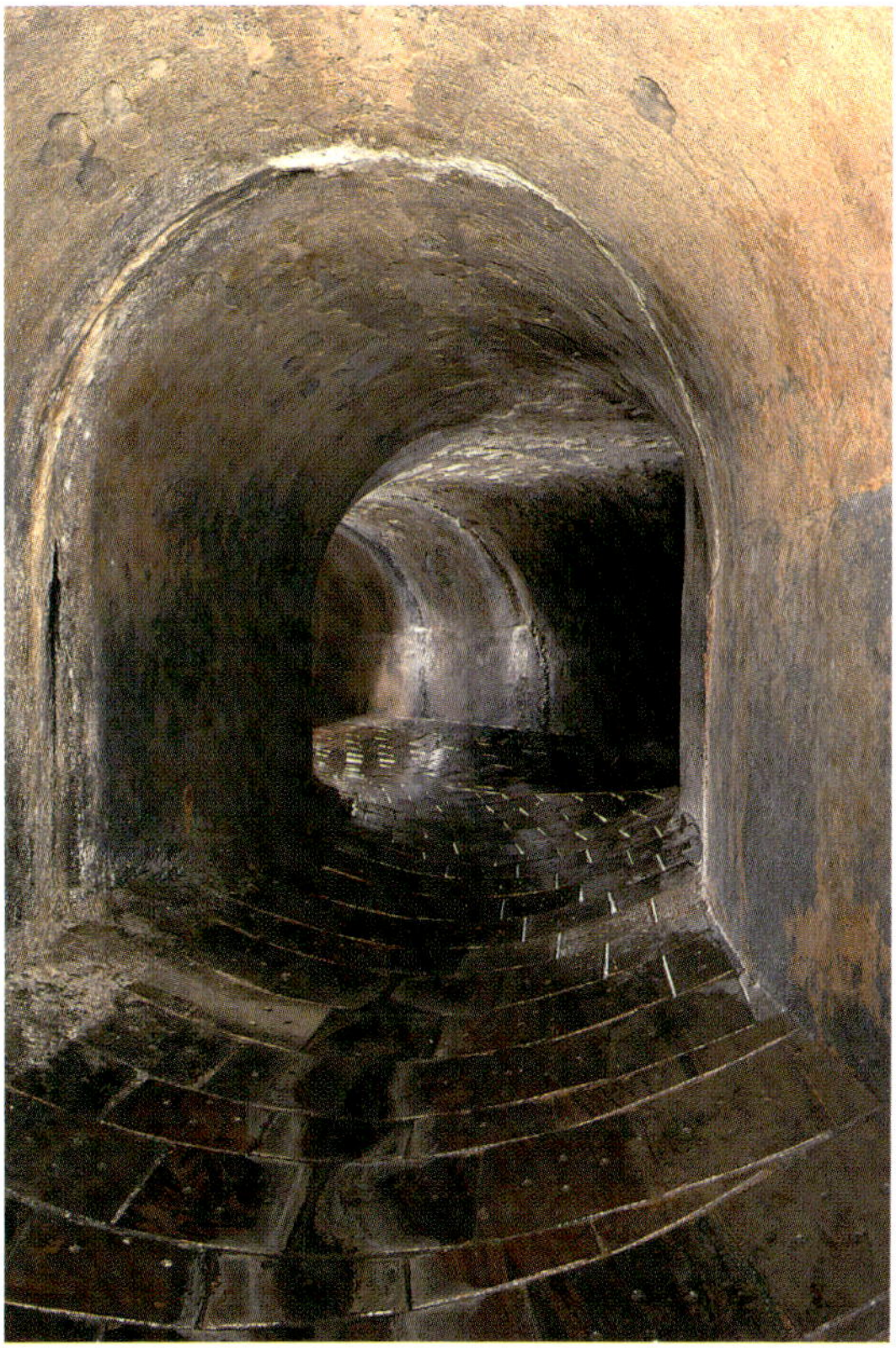

暗渠は、少年の頃の冒険心をそそられる場であり、ここを通じて下水についての理解を深めたい

実用的な施設であっても、当時流行していたデザインが施されているので意匠面でも高い価値がある

旧三河島汚水処分場喞筒場施設
所在地：東京都荒川区荒川 8-25-1
見　学：可（要予約）
建設年：1922 年
【国重要文化財】

喞筒室は、大正10年に建てられた鉄筋コンクリート造の建物で、下端がアーチとなった鉄骨のプラットトラス（中央から斜材を逆ハの字形に組んだトラス）の小屋組が特徴のひとつである。しかし筆者の一押しは、喞筒井および喞筒井接続暗渠である。敷地の東と西に配された2つの阻水扉室と沈砂池で別々に処理された下水は、この部分で合流する。水流が強そうな場所などを想像して歩くと、その壁面の仕上げの違いに気付かされるだろう。水流の強い場所や扉が収まるところは石張りにして補強するなど、その仕上げには意味があることを見逃さないようにしたい。

現在は、事前予約のうえで見学が可能で、ビデオによる学習と、専門的な知識に長けた案内人による詳細な解説もあるので、大人の社会科見学に訪れたい場所でもある。

神奈川県

旧横須賀鎮守府 2号ドック

歴史的なドライドックを使い続ける誇り

ドライドックの構造

横須賀鎮守府は、明治17（1884）年に海軍の東海鎮守府が横浜から横須賀へと移り、横須賀鎮守府と改称されたことにはじまる。造船については、慶応元（1865）年に起工した横須賀製鉄所（後の横須賀造船所）が前身となる組織が担っており、横須賀鎮守府造船部、横須賀海軍造船廠《しょう》、横須賀海軍工廠と改称されてきた。

旧横須賀鎮守府施設で、特に知られるのは3基のドライドックである。これらはいずれも現役だが、使い続けるためには、ドック内で新造船や修繕船を取り扱う「ドックマスター」と呼ばれる船舶運行技術者の存在が不可欠である。彼らは、ドックへの船の出し入れなども行うため、操船技術や気象予測等の高度な専門知識も持つ。

ここでは、明治17年に竣工した2号ドックを例に、ドックマスターの仕事をみていくことにする。ドライドックの中心は、新造や修繕を行う本渠部《ほんきょ》で、その他に海水を扉で堰き止める渠口部《きょこう》と、本渠部の強制排水を行う排水設備で構成される。本渠部は石造で、渠口部に扉船《とせん》と呼ばれる設備を用いる。扉船は水門のようなもので、扉船のタンクに水を入れることで沈み、その重みでドックの溝に収まり、ドック側を排水すると海側の水圧を受けて固定され、ドック内に水を入れて扉船内部の水を調整しながら排水することで、扉船が浮いて渠口部が開くという仕組みである。

修繕作業の流れ

修繕船をドックへ入れる作業は、事前準

2号ドック全景。床面に並ぶのは船を支える盤木

旧横須賀鎮守府２号ドック
所在地：神奈川県横須賀市楠ヶ浦町
見　学：イベント時のみ可
建設年：1884 年

備と当日検査、ドック内に注水し扉船を移動（渠口を開く）、修繕船の進入、扉船を移動し（渠口を閉じる）ドック内を排水、修繕船の着底、修了検査の順で行われる。

事前準備は、潮の干満や修繕の工程、修繕船の喫水《きっすい》（水面から船底の最深部までの垂直距離）など様々な項目を関係機関と調整し、組み立てる作業である。これは、船を出す場合も同じである。この他、修繕船を支える盤木《ばんぎ》の個数や位置の設計も行う。これは、何度も同じ位置で船底を支えると余計な負荷がかかり傷みやすくなるうえ、盤木と接する面は修繕や塗装ができないためである。

当日は、安全で効率よく作業を遂行するために、時々刻々と変化する風や波、トラブル等に迅速で的確に対処し、現場の職人たちに終始指示を送ることが求められる。

慎重を期す必要があるのは、船の着底と浮上である。水深1ft（フィート：30・48㎝）手前で排水を一時停止し、ダイバーが盤木と船底に異常がないかを確認し、ゆっくりと排水をはじめる。

ドックマスターと伝統技術

ドライドックは、場所によって形も構造も異なるため、ドックマスターは各所に応じた知識と経験が求められる。これは、ひとつの伝統技術といえる。そのひとつに、てこの原理を利用したオッペシ棒を用いた扉船の操作方法がある。ドック内を排水するときに、扉船を渠口に戻して扉船のタンクに海水を注水して沈めていくが、この際にロープとオッペシ棒で扉船の位置を調整しながら据え付ける。

修繕船をドックへ入れるときには、船を自走させないため、操船はドックマスターの指揮で行う。修繕船は、ロープで係船《けいせん》柱《ちゅう》に仮止めし、プレジャーボートで押し引きしながらドック内に導く。この際に、職人たちと米海軍の助っ人が一緒にロープを引き、進入する修繕船の安定を図る。大きさや形の違う船を扱うには、人力の方が機械に頼るよりも融通が利くためである。

明治期、ドライドックの造船技術が日本に導入されてから、ドックマスターは常に特定の業務を担ってきた。現在は、昭和30年に発足した財団法人日本船渠長会によって、その技術の向上や研鑽、継承に関する活動が行われている。

ドックマスターは、その職域において社会に貢献してきた職種だが、その職能を保証した国家資格は制度化されていない。全国的に共通性のある技術は国家資格として制度化しやすい。ところが、彼らの技術は、ドックごとに施設の性格や気候風土が異なるため、各施設に密着したスペシャリストとしての性格を帯びている。このため、法制度を整えて確固たる地位を築こうとしても、個別の技術は資格に馴染まないという困難がある。

土木施設を管理するうえで、施設特有の名人芸を要することは多いはずである。この名人芸を、規格化（あるいは一律化）しようとすることが、必ずしも良い結果を招くとはかぎらない。現代の法律は、安全や安心のために、とかく規格化を求める傾向にある。施設の固有性と法の規格化との調整は、建設業界では常に悩ましい問題である。それは、土木遺産の保存活用や伝統技術の継承とも深くかかわっている。

ドックから海水が抜かれ、排水が完了し船が盤木の上に載る。船底と盤木の正しい接地を確認し、船底の側面を材木でさらに補強固定する

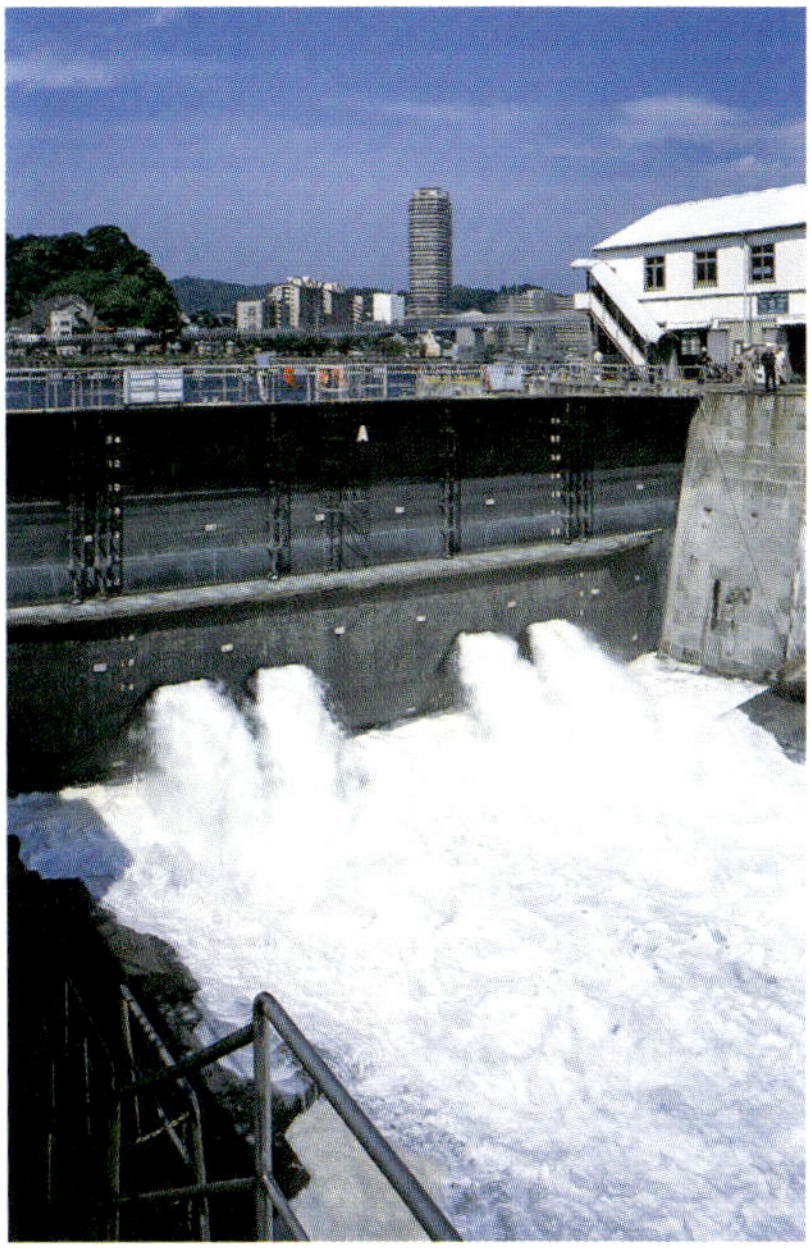

扉船を閉じ、ドック内に海水を入れている様子

船体を安定させるため、船底側面に木材を添え固定する

静岡県

富士養《よう》鱒《そん》場

富士の湧水をニジマス養殖へ

富士山西麓の裾野の湧水で育てられたニジマスは、静岡県の名物といってもよい

富士山西麓に生まれた施設

静岡県は、駿河湾、遠州灘、相模灘を抱える海産物の豊富な自治体である。平成25（2013）年には、「富士山—信仰の対象と芸術の源泉」が世界文化遺産に登録されて注目を浴びたが、静岡県水産技術研究所富士養鱒場（以下「富士養鱒場」）は富士山西麓にある。富士養鱒場は、昭和6（1931）年に建設が着工され、同8年に淡水域の試験研究機関として設置された。昭和11年に第一期工事を終えて竣工式が行われた。平成19年に組織改革がされ、現在の富士養鱒場となる。

養鱒の歴史

ニジマスは、北アメリカ原産の淡水魚で、わが国には明治10（1877）年に移入されている。国内最古の養鱒場は、滋賀県の醒井《さめがい》養鱒場で、同11年に設立された。映画『われ幻の魚を見たり』（監督・伊藤大輔、昭和25年公開）で大河内傳次郎が演じた和井内貞行がそうであったように、明治20～30年代にはマスの養殖が各地で行われるようになった。大正15（1926）年に水産増養殖奨励規則が公布され、ニジマスの養殖が奨励されると一気に盛んになっていく。一例を示せば、昭和9年の報知新聞では、「暖地に鮎　寒地は鱒：愈々有望な養魚」として、カワマスとニジマスの養殖を紹介している。

富士養鱒場は、富士山麓の年間平均10℃という冷たい湧水が養鱒に適しているとして農林省の技師・徳久三種によって選定され、県営としては国内で3番目の早さで設置された。当時の記述では、水温が20℃を超えると餌を食べずに疲労するので、常に水温の低い山間部の湧水が好適と記されている。

飼育施設の建設は、昭和7年度からの5カ年計画で行われ、昭和8年10月に醒井養鱒場より4万尾のニジマスの稚魚が収容されて開場した。古写真等を見る限りでは、昭和8年には稚魚用の池のみが設置され、その他の施設が開場とともに着工し、同11年に完成したと考えられる。また、記録からは昭和10年度までには主な施設が完成し、

ニジマスのアルビノ種。富士養鱒場から誕生した種である。鮮やかな黄色がこの地に彩りをもたらす

静岡県水産技術研究所　富士養鱒場
所在地：静岡県富士宮市猪之頭579-2
見　学：可（施設開場時）
建設年：1933年

同12年に本館が竣工する。

飼育施設の設計は、醒井養鱒場から静岡県鱒養殖助手として招かれた古川武一によるものである。昭和9年、古川は富士宮市淀師に誕生した静岡県初の民間の養鱒場の設計も手掛けている。

醒井養鱒場の影響

開場当時の富士養鱒場の各施設の仕様は、大正14年に大日本水産会が刊行した『水産宝典』の「養殖場設計」の記述に類似する。この会は、明治15年設立のわが国唯一の水産業の総合団体で、「養殖場設計」に示されたものは標準仕様の一種だったと見てよいだろう。

古川は、それに加えて、醒井養鱒場をルーツとする設計を行っている。例えば、河川を利用した地形の選定や金網張養魚池(現金網試験池)の設置、鉄筋コンクリート造平屋建ての冷蔵庫や誘蛾照明設備の設置は「養殖場設計」には見られないが、醒井養鱒場には見られたものである。

ワシントン式水車

富士養鱒場は、昭和9年にアメリカで河川養魚の成果をあげていたワシントン式水車(魚留水車)を国内で初めて導入したとされ、この装置は平成4年に大規模な改修が行われた。

施設は、第2次世界大戦中に荒れ果て、昭和23~24年度に復旧工事が行われ、同25~27年度にかけて全面的な改修が行われた。昭和40年代には老朽化し、同47年度から5カ年計画で大規模な修繕が行われた。

養鱒場の成果

富士養鱒場では、現在、ニジマスを中心に、アマゴ、イワナ、カワマス、ブラウントラウト、チョウザメが飼育されている。静岡県内のニジマスの養殖量は、平成25年度の農林水産省・内水面養殖業収獲量は全国1位で、全国生産量の約4分の1を占める。アルビノ種の黄色ニジマスは、富士養鱒場で昭和33年に人工交配が成功し、全国で飼育されるようになったもので、一時期は要請に応えてイタリアやフランスにも輸出された。

国立公園の一部に開場しただけあり、四季折々の景色と富士山を堪能できる場所である。養鱒だけではなく、富士の湧水を付近の田畑へと供給する農業用水も敷設している。

食のブランド化

国内1位の養殖量を誇りながら、富士産や富士宮産のニジマスという名が聞かれることはほとんどない。今後、日本の農林漁業が生き残っていくには、大量生産よりも、むしろ質の高さを含むブランド化が重要といわれている。ブランド化を図るために、歴史は重要な意味を持ち得る。昭和初期から残る施設やその周辺環境を維持することは、実は「食のブランド化」にとっても大きな説得力を持つことを、読者のみなさんにも理解していただけると幸いである。

上：老朽化のため大幅な改修が行われたワシントン式水車
中上：2段階ある石垣。下の段は昭和25～26年にかけての改修で整備された痕跡である
中下・下：何度かの改修を経てきた飼育池。当初の様子を継承している施設のひとつ

富士養鱒場の施設（参考：富士養鱒場内設置マップおよび「富士養鱒場イラストマップ」富士養鱒場ウェブサイト）

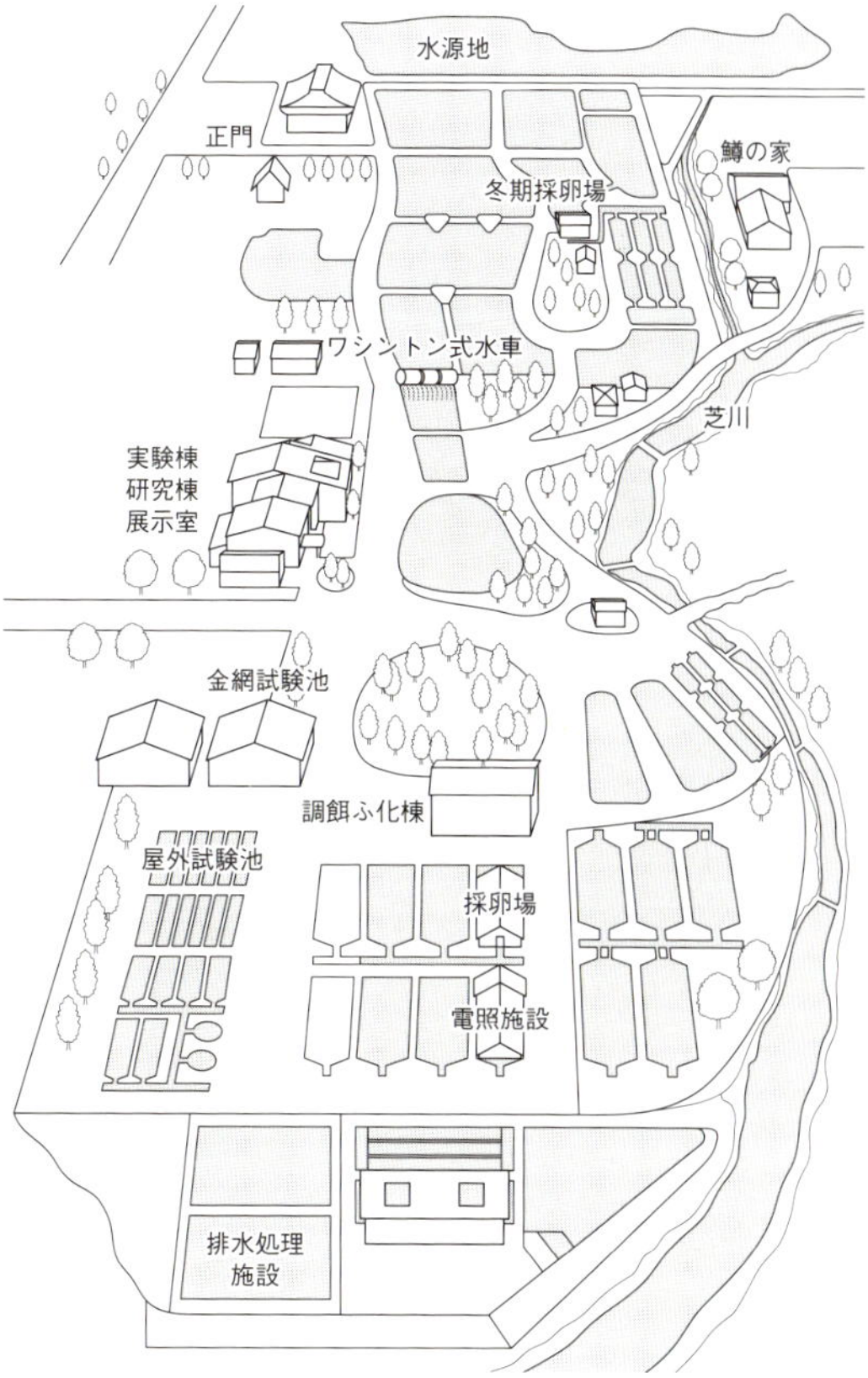

商業施設の傍らにモニュメントとして保存され、当時の姿が偲ばれる

静岡県

水運と陸員を結ぶ 鉄骨トラス構造

清水港テルファー

清水港テルファー
所在地：静岡県静岡市清水区新港町 7-7
建設年：1928 年
【国登録有形文化財】

テルファーは、一見すると用途不明の異様な構造物である。この構造物は、建物のようにも見えるが、実はこれ自体が機械そのものでもある。清水港テルファーの上部、コの字形に配置されたトラス下はレールになっており、これに沿って荷揚げ用のクレーンが動く。工場の天井には、部品などの運搬のために前後左右に動く移動式のクレーンがあるところが多いが、これがむき出しになったものと思えばいい。つまり、クレーンそのものである。このレールに、運転手付の電動クレーンを走行させて、荷揚げを行っていた。

規模は、高さ11m、幅9m、長さ110mの鉄骨造である。鉄骨を三角形に組んだトラス構造が美しい。建築であれば屋根に架かる鉛直荷重や水平荷重などを計算すれば良いが、ここでは荷物を上げ下げして移動する時に発生する荷重も想定しなければならない。工場にクレーンを設置する場合、建物の構造体とは別に、クレーンを自立させるための構造体が内側に設置されているのが常である。

歴史的な背景としては、船から荷揚げし鉄道へと木材を積み込む機械として、昭和3（1928）年に国鉄清水港線清水港駅に設置されたことにはじまる。当時、テルファーは名古屋と神戸の港に設置されていたのみで、清水港は国内3例目であったとされる。昭和40年までは木材を中心としながら石炭の積み込みにも利用されたが、昭和46年に老朽化にともなう安全面への配慮から現役を引退し、清水港線も同59年に廃線となった。現在、名古屋港と神戸港のものはすでに失われているため、現存する唯一のテルファーとして、清水の宝ともいえる存在となっている。

筆者にとって、清水は高校時代を過ごした思い出の地である。卒業後、この地の開発は目覚ましく、古い建物は次々と失われた。そのなかで、水運と陸運とを結んだ、清水港の歴史を物語るテルファーだけは変わらない姿を残しており、かつての港や鉄道の位置関係が把握できる記憶のランドマークともなっている。現在、付近一帯は、清水マリンパークとして整備されているので、清水エスパルスのサッカー観戦の折には立ち寄ってみてはどうだろうか。

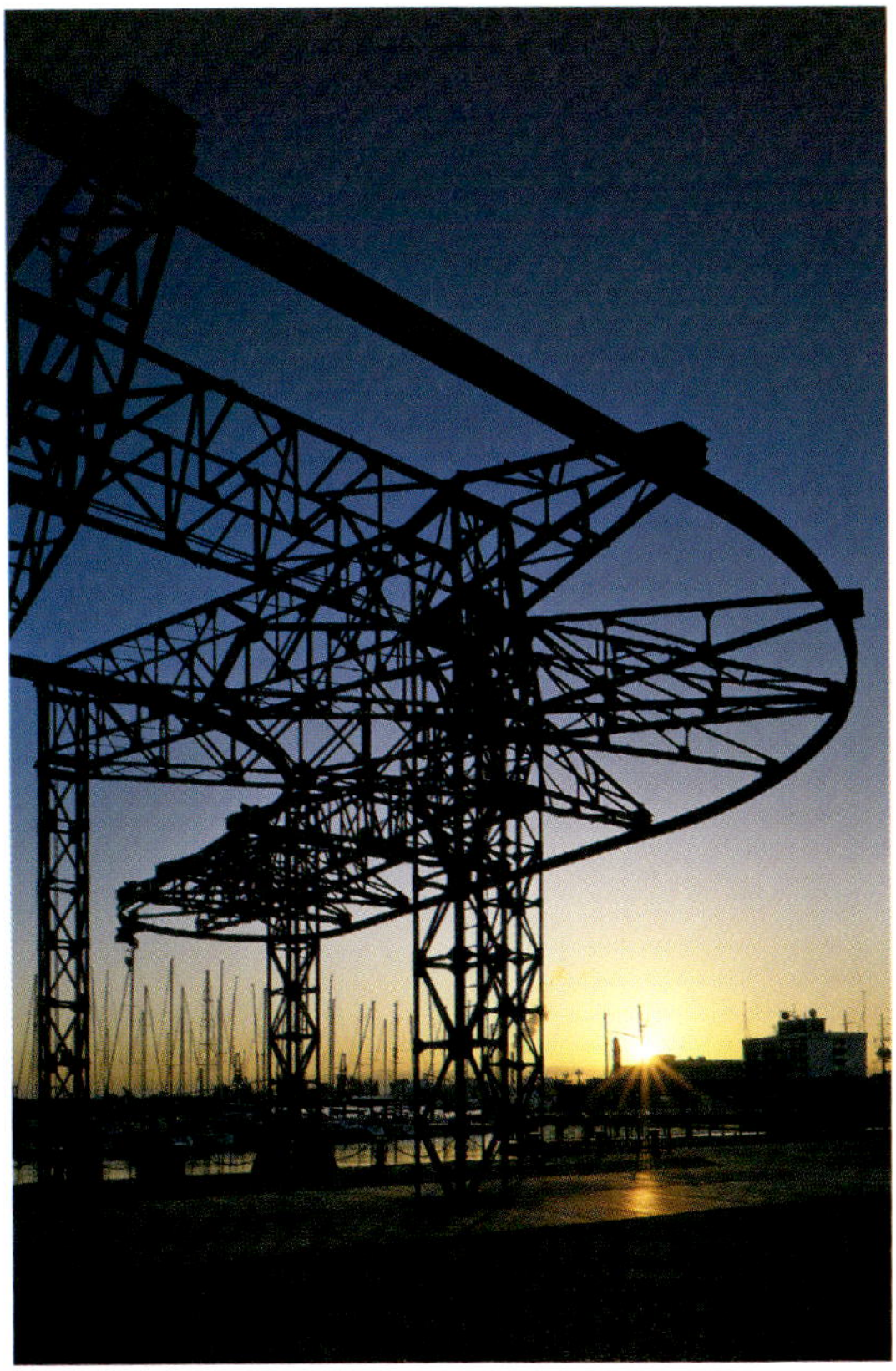
冬季はヨットハーバー越しに朝日が昇りシルエットが際立つ

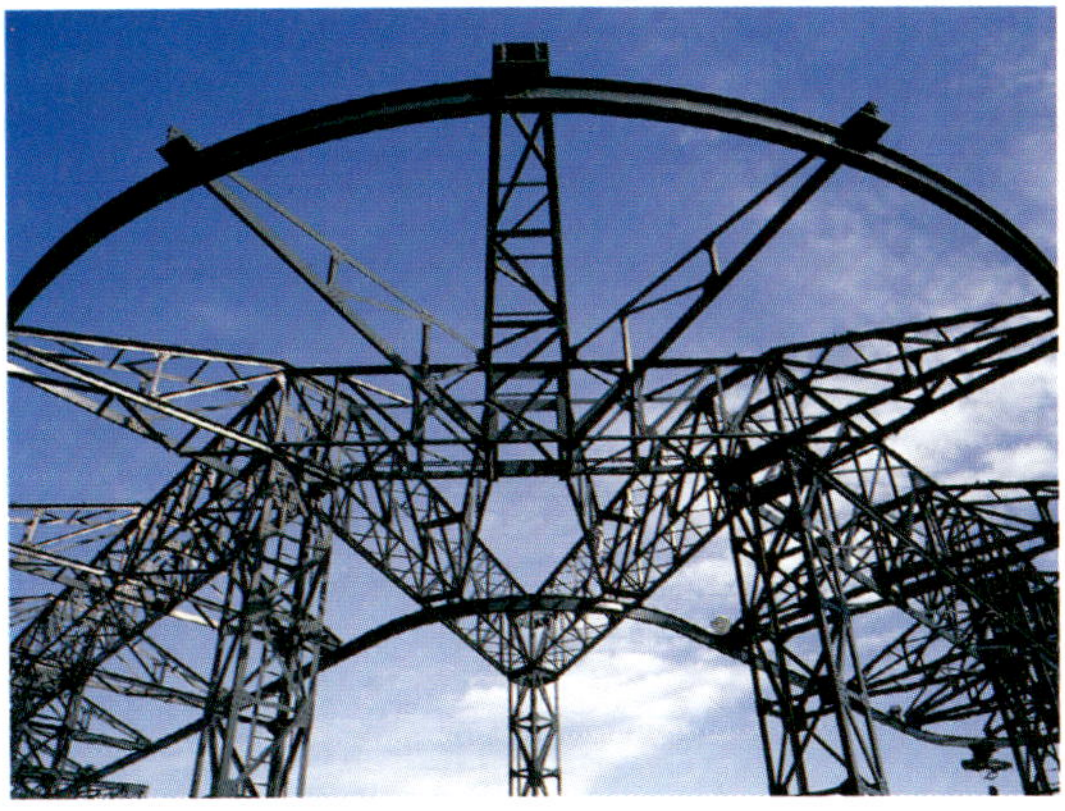
移動動線が変化するコーナー曲線部

川を合理的に利用する昔ながらの知恵が今も息づいている

水場を効率的に使う
漁業の知恵

天草洗い場

天草洗い場
所在地　静岡県下田市
建設年　不詳

かつて、川や湧水で洗い物をし、家の中に水を引き込んで溜《た》め、鮎などの魚を蓄養することは日常的な生活の風景であった。下田市で盛んな天草づくりの現場には、現在もそういった風景が残っている。

天草は、海で採取したものをそのまま天日干しするものと、水洗いをして塩抜きした後に天日で干すものがある。大量の天草を一度に塩抜きする場合にどうしたらいいのか、という問題を解決してくれるのが川である。

漁の季節を迎えると、河口に設けられた小さな堰（セメントや石で平らにならしてある）に堆積した土砂を洗い流しておく。漁に行く前に、堰の中央部の前後2カ所に板を挟んで水を堰《せ》き止めておくと、戻ってきたときには水深30㎝ほどの水場となっている。普段は水量の少ない静かな小川だが、漁の時期のわずかな日々は作業をする人たちで賑わう。

天草を入れたケースを斜路から水場に運び、よく塩を揉み出した天草を斜路づたいに押していって計量し、そのまま駐車場に移動して天日干しをするという合理的な流れをとっている。

自然の恵みを人の手で得るおおらかな時代の生活の知恵は、今や季節限定の貴重な風景となってしまったが、まだ見ることができる場所があることは喜ばしい。

静岡県

旅館建物から離れた敷地にひっそりとたたずむ水蔵

堀に水を引き入れて収蔵品を守る

新井旅館水蔵

新井旅館水蔵
所在地：静岡県伊豆市修善寺978-1
見　学：可（要予約）
建設年：1943年
【国登録有形文化財】

新井旅館は、敷地内の15棟が国の登録有形文化財となっている。明治14（1881）年竣工の青州楼《せいしゅうろう》をはじめとして、明治中期から昭和初期に建てられた日本建築が建ち並ぶなか、ひときわ異彩を放っている施設が水蔵である。

新井旅館3代目の相原寛太郎は東京美術学校で学んだこともあり、文人墨客と親交が深く、多くの文化人がここを訪れている。実は、このことが水蔵とも関係している。水蔵は、第2次世界大戦の戦況が悪化した昭和18（1943）年に、相原家が所蔵する重要な文物・美術品などを保管する収蔵庫として建てられた。鉄筋コンクリート造の半地下式の建物で、周囲は幅70㎝の堀が巡る。空襲を受けて旅館が焼けたときのことを想定していたのだろうが、周囲で出火した場合、堀に水を張って重要な文物・美術品を守るための工夫である。

修善寺の温泉街には桂川が流れており、新井旅館もこの川沿いに建つ。桂川の水を庭の池へと引き込み、そのまま川へと戻す仕組みになっているため、水蔵に水を引き込むことは容易だったのだろう。川沿いだからこそできた工夫でもある。

この方法は、一種の城郭のような考え方なのかもしれない。一風変わった水の遺産として注目される。

加治川運河水門 土砂吐水門

周囲は加治川治水記念公園として整備され、季節の良い時期には憩いの場となる

加治川治水記念公園には、加治川の旧運河水門と土砂吐水門が保存されている。2つの水門は、端部が直角に接続しているので、一望することができる。

加治川は、大きく湾曲して河口付近で阿賀野川に合流していたことが原因で流れが滞り、土砂が堆積するなどして、下流域を中心に水害が絶えなかった。そこで、湾曲部分の途中で日本海へと短距離でまっすぐに川の水を流す分水路が求められ、明治41（1908）年5月24日から大正3（1914）年3月にかけて工事が行われた。現存する運河水門と土砂吐水門は、この際に分水の起点に設置されたものである。

運河水門は、幅が18・8mで、4つの門を持つ石造の水門である。平常時は門が開放されており、川水は農地の灌漑や舟運《しゅううん》に利用され、増水の際には門を閉めて、加治川本線の下流域の水害を防いでいた。

土砂吐水門は、幅が14・6mで、4つの門を持つ石造の水門である。分水路余《よ》水吐《すいばき》とも呼ばれるように、平常時は閉鎖して加治川の本線へと流れ込む水の量を調整する水門で、増水時には門を開放して運河水門前に堆積した土砂や余水を分水路に排出し、水位を安定させ、川水を安全に日本海まで流下させ水害を防ぐ役割を担っていた。

凸形の石柱が並びその間を木造扉で調節する

底部には石が敷きつめられ、施設の破損、浸食を防いでいる

加治川運河水門、土砂吐水門
所在地：新潟県新発田市真野原
（加治川治水記念公園内）
建設年：1914 年
【選奨土木遺産（土木学会）】

この2つの水門は長年にわたって、加治川の水害を防いできたが、昭和41（1966）年7月17日の下越水害、翌年8月の羽越水害で加治川の抜本的な整備が必要となり、加治川治水ダム建設をはじめとした河川改修工事が行われたため、役割を終えた。

この水害まで、この地は桜の名所としての顔を持ち、6000本の桜が咲いていたとされるが、この河川改修工事で伐採されてしまった。しかし昭和57年、加治川治水記念公園が計画され、その後、桜並木も復元整備された。現在は、再び桜の名所として人々を迎え入れており、あわせて加治川の治水の歴史やその苦労を学び取ることのできる場ともなっている。

コラム

文化財の価値と評価

後藤治＋二村悟

近代化遺産や近現代建築の文化財は、場合によっては社寺や民家のような見方とは違う視点で価値を探る必要がある。

現在、国は重要文化財建造物の指定基準で、「意匠的に優秀なもの」「技術的に優秀なもの」「歴史的価値の高いもの」「学術的価値の高いもの」「流派的又は地方的特色において顕著なもの」のひとつを満たし、かつ、各時代または類型の典型となるものを指定するとしている。意匠や技術についてはともかく、歴史は、建築土木の歴史上の位置付けが重視されており、例えば、形式や様式の発展の過程をよく示した建築土木といったものが該当する。学術は、新しい発見が学会で報告されたもの等が該当する。流派的特色は、大工の代表作などが該当し、近現代建築における建築家の代表作品もこれに該当する。

この指定基準は、明治30（1897）年の古社寺保存法や昭和4（1929）年の国宝保存法での評価方法を継承したものである。この頃の保護の対象は古社寺で、古さや希少性も重視されていた。昭和25年の文化財保護法で、国宝と重要文化財に分けられ、対象と時代範囲が大きく変化する。対象には、庶民の住宅である民家が加わり、時代では近代が加わり、近代の洋風建築として国宝に幕末の大浦天主堂、重要文化財に明治初期の旧造幣寮鋳造所玄関と泉布《せんぷ》観《かん》が指定される。その他に、社寺に残る土木構造物以外の土木構造物として、諫早《いさはや》市の眼鏡橋などの石橋も早く指定されている。時代とともに、建築年代は現代へと近づき、民家は明治以降のものが含まれるようになる。

そのきっかけとなったのは平成2（1990）年に始められた近代化遺産総合調査で、同調査では近代化遺産は産業・交通・土木にかかわる建造物と定義されている。平成5年に近代化遺産として初めて藤倉水源地水道施設と碓《う》氷峠《すいとうげ》鉄道施設が重要文化財に指定されている。評価の観点は、近代的技術、形態、意匠、保存状態等であるが、加えて一連のシステムが残ることも重視されるようになった。

こうして文化財となる建造物の種別や年代は大きく広がったが、重要文化財に指定されるのは、典型となるものに限定されるため、多数現存する近代の

碓氷峠鉄道施設第3橋梁（1893年竣工）

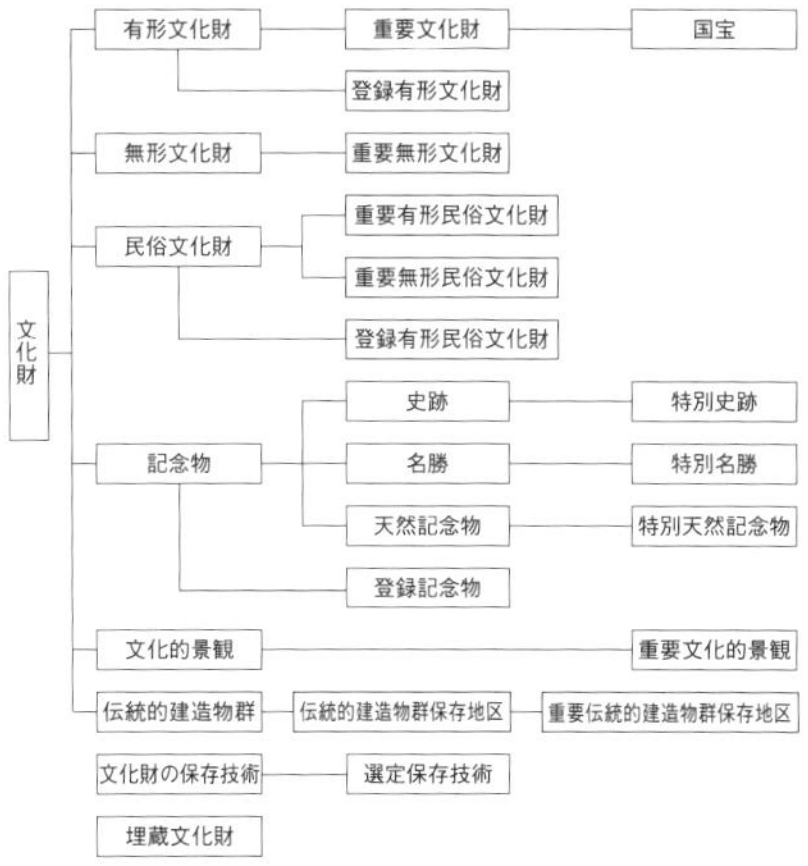

文化財の種別（出典：『国宝・重要文化財建造物保存・活用の進展をめざして』文化庁、2013年7月）

建造物のほとんどは文化財としては評価されていなかった。平成8年に始まる国登録有形文化財の制度は、その問題を解決するものであった。この制度によって一定の価値を持つ建造物は広く登録されるようになったが、そのことは全国にある類似した施設について、各々の特徴を見出したり、用法と構造物の変化との関係について注目したりする必要も生じさせた。

　また、登録の条件として設定された築後50年という基準は、様々な分野で応用されることになる。現在は第2次世界大戦後に建築されたものも50年を経過しているので、より新たな建造物が登録されるようになったが、その評価にはさらに新たな観点が必要になってきている。例えば、現代建築については、建築家の思想やコンセプトが、プランや意匠などにどのように反映されているのかを読み解く作業も必要となってきている。

　近代化遺産や近現代建築の保存で、しばしば問題にされるのが、その価値が専門家には強く認識されているのに対して、一般の人々にあまり認識されていないことである。一般の人々にこれらの「建築土木上」の評価を伝えるのは容易ではないが、日本史的な意味での「歴史上」の観点であれば理解を得やすい。人物、事件は、一般の人々もよく知っているために理解しやすいのだ。例えば、代々木体育館であれば、丹下健三の代表作というよりも、東京オリンピック（1964年）の代表的な建物といったほうが、理解を得やすいのである。

　日本は、文化財の保護が史跡と重要文化財に分かれており、建造物の保存について人物や事件との関係が忘れられている状況がある。近現代建築や土木遺産の保護にあたっては、今後は人物や事件との関係からも価値評価を見直していく必要があるだろう。

富山県

旧下山《にざやま》発電所

発電所の建物を美術館に再利用

発電所美術館と導水管（圧力鉄管）

平野に建つ 県内最古の水力発電所

下山芸術の森発電所美術館は、使用されなくなった発電所の建物を、町が美術館に再利用した例である。これは、黒部川水系の用水を利用した旧黒部川第二発電所の建物で、大正15（1926）年に設置された。県内に現存する発電所のなかでも、最古の例である。はじめに、歴史的土木施設としての価値を見てみたい。

ひとつは、国内では数少ない平野部にある用水を使用した発電所という点にある。水力発電所は、水の落下する力を利用するので、特に長距離送電技術が確立してからは、発電効率のいい山間部に置かれている。しかし富山県は、独特の地形によって平野部に水力発電所が点在している。

黒部川をはじめとする県内の大規模河川の下流域は、扇状地の平野部で、いくつもの河岸段丘が存在する。この河岸段丘によってできた地盤の高低差を通る用水の流れ（落下）が発電に利用できるため、平野部に発電所が点在するのである。旧下山発電所では、導水管が通る約30mの高低差が、河岸段丘の地盤差に相当している。

また、一般に古い建物は、木造で小規模なものが多いが、ここは鉄筋コンクリート造の骨組みで壁にレンガを用いており、正面の幅約31m、側面の幅約15mと規模が大きい点も価値のひとつである。

さらに、壁に用いられたレンガの意匠が美しいという見た目の良さもある。県内では、外壁をレンガで仕上げた一定規模を持つ建物は数少ない。この点も、この発電所の価値を増している。こうした価値が認められて、平成8（1996）年には国の登録有形文化財となった。

保存と再利用の共存

この建物の保存と活用に注目すると、3つのおもしろい点がある。

そのひとつが、保存再利用の手法である。一般に、歴史的土木施設において建物が再利用される場合、旧来の内装や設備が、改修・更新等によって失われてしまうことが多い。しかしここでは、内部西側に発電用

左右に並ぶ新旧の発電所（右が現発電所）

旧下山発電所（入善町下山芸術の森アートスペース）
所在地：富山県下新川郡入善町下山364-1
見　学：可（施設開館時）
建設年：1926（美術館転用は1995）年
【国登録有形文化財】

のタービンが置かれ、南側の壁には大きな口を開けた導水管が残されるなど、発電所時代の姿をしのばせるものが多数残されている。

一方、すべてが厳格に保存されているかというと、そうではない。発電機は撤去され、窓まわりの建具は交換され、展示用の新たな床や必要な事務スペースが新設されるなど、再利用のための手も適宜加えられている。

つまりここでは、徹底した再利用でも保存でもない、その中間でバランスをとろうという工夫がなされている。同じ試みは、施設全体にもうかがえる。

建物から30mほど高い丘には、取水と送水調整のための機械室が保存されている。また、機械室と建物の間には、内部から見えていた導水管が保存されている。この結果、旧来の発電システムが理解できるようになっている。これは、歴史的な施設を保存するにあたっての慎重な配慮ということができる。

そして、機械室には新しい手も大胆に加えられている。内装を変えてデッキを新設し、レストランに転用されている。機械室の南側には、宿泊施設とアトリエに利用できる施設が新設され、芸術家が滞在しながら展示を行えるよう工夫されている。これらは、再利用のための便を図ったものといえる。

このように、この施設のおもしろさは、保存と再利用のバランスを上手くとろうとしている点にあり、その試みも十分に成功していることも特筆に値する。

町が歴史的な施設を再利用する場合、美術館等の展示施設にするというのは最も無難な選択である。こうした事例の多くは、常設展示が中心で、いつも雰囲気が変わらず、興ざめすることもある。しかしここは、企画展示が中心のため、常に異なる展示を見ることができる。企画展示を中心に運営することは、経費等の面で苦労も多いと思われるが、今後もこの姿勢を続けてもらいたいものである。

併存する新旧の発電所

美術館の南側には、現役の黒東第三発電所が存在する。単に新旧の建物が並ぶだけでなく、新旧の発電システムも比較できる点にも注目したい。

平成元年に発電所の新設が決まり、北陸電力はもとの建物を残し、平成5年5月、そこに併設する形で新設した。その旧発電所を町が払い下げを受け、平成7年4月に美術館として開館したのである。

新発電所は、旧発電所を意識したデザインとされ、平成6年にグッドデザイン賞を受賞した。エントランスゾーンのゲート棟は、富山県のまちのかおづくりプロジェクト事業の一環で、スペインの建築家・エリアス・トーレス&マルチネス・ラペーニャと三四五建築研究所によって設計され、平成10年に建てられた。新旧の建物の併存に加えて、まったく異なるデザインの建物を付加する試みは、現代芸術を扱う美術館にふさわしく、保存と利活用のバランスを考えた取り組みのひとつともいえるのだろう。

美術館内部。2階床は展示用に新設

エントランスゾーンのゲート棟（設計：エリアス・トーレス&マルチネス・ラペーニャ＋三四五建築研究所）

高台の旧機械室から導水管が下がり、美術館へとつながる。木造建屋は美術館エントランス

大きな落差を見せる白岩砂防堰堤

富山県

白岩堰堤砂防施設

富山平野を土砂災害から守り続ける

富山県は、世界に誇る防災遺産として、歴史的砂防施設群の世界文化遺産への登録を目指している。その代表例が、白岩堰堤砂防施設である。

この施設は、常願寺川水系の湯川に築かれている。常願寺川は、急流の河川で、立山カルデラを東西に流れる湯川が、ここに堆積した土砂を勢いよく常願寺川へと運び、下流の平野部で頻繁に水害を引き起こしていた。これらの土砂災害を未然に防ぐために計画されたのが、この砂防施設である。

設計は、大正14（1925）年7月にこの地を視察した内務省の技師・赤木正雄である。赤木は、視察した際すぐに、白岩に堰堤を設けて土砂を防止する方針を決定したという。上流部の本堰堤は、越流部が堤高20ｍ、非越流部（袖部）が63ｍと、砂防ダムとしては日本で最も高い。施設全体

遠景

国重要文化財である方格枠

白岩堰堤の下流に位置し、大量の貯砂能力を持つ本宮砂防堰堤

の工事は、昭和4（1929）年10月起工、同14年12月竣工で、本堰堤は昭和6年5月起工、同14年12月竣工である。本堰堤は、重力式粗石コンクリート造で、越流部の損傷を防ぐため、表面は安山岩で仕上げられている。

副堰堤は、内務省の直轄事業となる前に、富山県が明治39（1906）年7月から20年の継続事業として着手した、国庫補助の砂防事業によって大正5年頃に完成した湯川第1号堰堤の一部を利用したものである。副堰堤は7基あり、これらを含めると高低差は108mとなる。

重要文化財指定の範囲は、本堰堤、副堰堤（第1副堰堤）、床固（第2副堰堤）、方格枠（法面保護）である。つまり、第3〜7副堰堤は含まれていない。第2次世界大戦で工事は中断し、第3、5副堰堤は、その復旧工事が行われた昭和26〜28年度にかけて、第4副堰堤は同32〜34年度、第6副堰堤は同49年度、第7副堰堤は同53年度の工事で、それぞれ新設された。つまり、現在見られるようなダイナミックな風景が完成したのは、これ以降ということになる。

高低差108mの砂防堰堤を目の当たりにしながら、その場に立って、日本にも世界に誇れる土木施設があるのだということを実感しようではないか。

白岩堰堤砂防施設
所在地：富山県富山市有峰字真川谷割、中新川郡立山町芦峅寺字松尾
見　学：原則不可
建設年：1939年
【国重要文化財】本堰堤、副堰堤、床固、方格枠

石川県

揚《あげ》浜《はま》式塩田

脈々と受け継がれる
能登の風景

伝統的な製塩方法

能登半島の先端に位置する珠洲《すず》市の日本海側には、海水を利用した伝統的な塩づくりの製法「揚浜《あげはま》式製塩」が残る。平成3（1991）年にその技術を継承してきた角花家を中心に保存会が結成され、「能登の揚浜式製塩の技術」として平成20年に国の重要無形民俗文化財となった。また、用具類は、「能登の揚浜製塩用具」として昭和44（1969）年に国の重要有形民俗文化財となっている。

日本の伝統的な塩づくりには、大きく分けて入浜式と揚浜式の2種類がある。

入浜式は、製塩の原料となる海水を、潮の干満を利用して塩を採る塩田へと自然に流入させる方法である。古いものは塩田全面を冠水させてしまう方法をとるが、多くの場合は地表面よりも低い位置に海水を浸透させ、砂が毛細管現象で海水を地表面へと吸い上げ、それを蒸発させる。

揚浜式は、塩を採る塩田へと人が海水を汲み揚げて運ぶ方法で、ほとんどの場合、人が塩田に海水をまく。海水を含んだ表面の砂を集めてろ過し、濃縮された海水を塩焼小屋の釜で煮つめてつくる日本で最も古いとされる製塩方法である。

能登の揚浜式

揚浜式は、かつて能登半島の北側、日本海に面した沿岸部一帯で見ることができた。その歴史は、寛永4（1627）年の加賀藩による塩づくりの奨励にさかのぼり、なかでも珠洲市のある旧珠洲郡一帯は代表的な地域であったという。近代以降も生産が

塩田に海水をまく。かたよりなくなく均等になるよう、微妙に力を加減する

揚浜式塩田
所在地：石川県珠洲市清水町
見　学：可
建設年：不詳
【国重要無形民俗文化財】能登の揚浜式製塩の技術
【国重要有形民俗文化財】能登の揚浜製塩用具

続けられてきたが、明治38（1905）年の政府による塩専売法の公布によって全国的に塩田の整理が進められ、生産条件の悪かった珠洲の製塩は下火となり、塩業整備臨時措置法に基づいた昭和34年の第三次塩業整備によって、多くの塩田が廃止となり、筆者が取材時に対応していただいた角花豊氏の父・菊太郎氏が継承した塩田のみになったという。

塩田跡と水田のハザ

能登の塩田は、海面よりも高い位置に造成されており、そこまで桶に入った海水を肩に担いで運び、塩田にまいて塩をつくる。

かつての塩田は、現在水田として利用されており、縁には塩田を囲っていた石積みの痕跡が残る。塩田には、海水の浸透を防ぐために、水をまく砂の下に20〜30㎝の厚さの粘土層がつくられていた。このため、塩田を水田に転用することは比較的容易だったという。塩田を水田に転用したため、水田の地形と区画は、塩田のそれを継承することになった。沿岸部の道路沿いに広がる水田は、現在の珠洲市の景観として親しまれているが、見方を変えれば塩田の面影を十分に残したものといえるのである。

その水田に欠かせないのが「ハザ（稲木）」である。ハザは、稲わらを天日に干す仮設物である。全国で一般によく目にする稲わら用の仮設物は、丸太や竹を合掌に組み合わせ、交差する部分に横架材を置くだけの簡易なものだが、能登のハザはそれとは比較にならない頑丈なものである。太い丸太を組み合わせた高さ2m以上のハザが、水田の周囲にそびえ立っている。柱は掘立柱で、柱穴の周囲に太いくさびを何本も打ち込む。柱には、太い竹や丸太の横架材を4〜6段渡し、その柱を丸太のバットレスやロープを結わえて固定している。ハザが頑強につくられる理由は単純明快で、能登の沿岸部に吹く強い浜風に耐えるためである。

間垣

沿岸部の強風といえば、能登には特徴的な仮設物の「間垣《まがき》」がある。強風から水田を守るのがハザなら、住宅や庭を保護する仮設物が間垣である。輪島市の間垣は、「大沢・上大沢の間垣集落景観」として国の重要文化的景観に選定されている。

間垣の支柱とする丸太や竹は、基本的に1間ごとに立て、柱の間に高さ4〜5mの竹を立てる。立てた竹の両側から横架材の竹で挟み込む。近年では、竹ではない材料を使うこともある。

間垣は、冬場は凍てつく風を受け止めるだけでなく、雪囲いの役割も果たし、夏場は西日を遮る。

知られざる伝統産業

昭和33年以降存続の危機にあった能登の製塩は、細々とではあるが現在も産業として続いている。近年は、NHKの連続テレビ小説「まれ」に登場したことで再び注目を集めている。珠洲市のこうした遺産を見ると、全国各地の身近なところに、まだまだ我々の知らない興味深い魅力的なものがたくさん眠っているのではないかと想像される。

塩田の跡は水田として活用されている。奥の左側に見えるのがハザ

住宅や庭を保護する間垣（珠洲市）。奥能登の間垣は、「未来に残したい漁業漁村の歴史文化財産百選（全国漁港漁場協会）」にも選定されている

まいた海水の水分を早く乾燥させるために道具で砂に筋目を入れる

岐阜県

世界遺産・白川郷のタナ池と水路

合掌造りを火災から守る

保存への取り組み

白川村荻町（以下「白川郷」）の合掌造り集落における歴史的な水路を使った消防活動は、身の回りにあるさりげない歴史的土木施設を、地域の重要な基盤施設として利用し続けている事例である。利用し続けることによって、地域に暮らす人々の活動やそれにかかわる技術を保存継承することができる。

白川郷は、昭和51（1976）年に国の重要伝統的建造物群保存地区に選定され、平成7（1995）年には白川郷・五箇山の合掌造り集落の一部として世界文化遺産に登録された。早期から集落の保存に取り組んできた地域のひとつである。この地は、保存地区に巡らされた用水路や石垣などの土木遺産が、豊かな環境とともに素晴らしい風景を形成している。

集落を守る住民の力

こうした風景を守る防火設備は、昭和52年から整備が進められた。主な設備は、直接消火をする消火栓、集落内に水の幕をつくり飛び火を防ぐ延焼防止対策のための放水銃、消火栓や放水銃への水を常時確保するための貯水槽である。これらは地下埋設管で接続され、放水時の水圧は80ｍの高低差を利用した自然流下で生じている。

茅葺屋根の建物は火に弱く、歴史的にも大規模な火災に見舞われてきたにもかかわらず、これだけの数の民家が残されてきたのはなぜだろうか。

ひとつには、地域住民による防火運動がある。この地では、古くから「火の番回り」

放水銃一斉点検の様子。家と家の間に水の幕をつくり、延焼を抑える

世界遺産・白川郷のタナ池と水路
所在地：岐阜県大野郡白川村荻町

と呼ばれる防火当番が、深夜を含めて1日3回の見回りを行ってきた。また、観光客の増加にともない、保存地区での煙草や花火などの火気取扱いも禁じた。

もうひとつは、伝統的な消火施設である。この地には、集落内に生活用水や農業用水を供給する水路が各所に巡っている。また、雪を融かすのにも使用される「タナ池」が民家の傍らにある。伝統的にこの水を初期消火に用いていたため、延焼を防ぐことができたと考えられている。現在でも、昭和50年代以降整備された消防設備だけでなく、これらを消防用水として利用している。

水路を利用した消防訓練

昭和24年1月26日に法隆寺金堂からの出火で、日本最古の壁画が焼失した。この教訓から、文化庁は昭和30年に1月26日を「文化財防災デー」と定めた。これ以降、文化財施設で防火運動が展開され、白川郷でも消防訓練を実施している。

取材時は、重要文化財の和田家から出火したという設定で訓練が行われた。出火を知らせるサイレンを合図に開始され、合図を聞いた住民が屋外に出て放水銃の保護箱を外し、延焼防止用水幕を上げた。

駆けつけた消防団は、消火栓の水と水路の水を放水する班に分かれた。水路の班は、水路を堰《せ》き止める「せぎ板」を落とし込み、消防用の水を確保して給水ホースを水中に入れ、小型ポンプを始動させて火元に向かって放水を始めた。しばらく放水を続け、訓練終了の合図がかけられた。

水路を消防に利用するには、単に「せぎ板」を落とし込めばいいのではなく、消防用に利用できる流量が確保できる水路の位置を把握しておく必要がある。また、水路は断面の形状も一定ではないので、「せぎ板」の形状もそれぞれ違い、普段の保管場所にも困る。消防団員は、この「位置」を把握しておく必要がある。

人力が高める地域力

白川郷では、消防訓練の他に、年1回、町内の放水銃の一斉点検を実施している。貯水槽についても、当番を決めて見回りを行っている。積雪時は、家の前の放水銃をいつでも使えるよう雪かきをしておく。住民によるこうした日常的な取り組みによって、万全の防火体制が敷かれている。

阪神・淡路大震災では都市型の消防水利が壊滅的な被害を受けた。この教訓から白川郷のように伝統的な消防水利の確保の取り組みを見直すべきという声も聞かれるようになった。

全国でこれを可能にするには、地域の消防団の存在が欠かせない。設備を備えても、使える者がいなければ活かせない。白川郷では、地域の消防団によって伝統的な消防水利が受け継がれ、現在も活かされているのである。

美しい風景を守るために景観法や重要文化的景観制度は整備されたが、懐かしさや美しさといった理由だけでは、風景を残していくことは難しい。白川郷のように、防災用の施設を使い続け、足りない部分を現代の技術力で補い、消防団を含めた人力による地域力を評価し加味することによって、はじめて風景の継承への道が開かれてくるのではないだろうか。

左手前に見えるのが放水銃が保管されている保護箱。合掌造りをイメージしたデザインになっている。
また、農業用水を兼ねた水路が集落内を巡っている

消火訓練の様子。
水路を堰き止めた水を放水している

水路を消防に使うため「せぎ板」を落とし込み、水路を堰き止めて水量を確保する。古くからこの方法が用いられてきた

三重県

丸山千枚田

地域により
復元・継承されていく棚田

減少する棚田

農業の風景や遺産のなかで、棚田や稲木（ハザ）は古くから各分野で注目されてきたが、ここでは技術の継承という視点で、日本の棚田百選に選定された丸山千枚田を取り上げる。この棚田は、白倉山《しらくらやま》（標高736ｍ）の急峻な南西側斜面の海抜90～250ｍの範囲にある。記録によると、慶長6（1601）年には2240枚の棚田があったとされる。

棚田は、明治時代には11・3haまで増えたが、盛況だったのは銅山が開山した昭和9（1934）年以降のことである。その繁栄によって昭和20年代には人口が1万人を超えていたという。昭和53年に銅山が閉山し、以降は過疎化と高齢化が進み、耕作放棄地が増え続け、平成に入ると棚田は約4・6haにまで減少してしまった。

住民による保存の働きかけ

棚田での耕作は、1960年代以降、機械化にそぐわないなどの理由で、全国的に存続が危ぶまれてきた。棚田だけでなく、平地の水田も同様に大きく減少した。

ところが、丸山千枚田では約1340枚、約7・2haの棚田が耕作され、そのうち810枚は復元された棚田である。過疎化のなかで、耕作面積を増加させることになった契機は、棚田を後世に継承していくことを志して、丸山地区の住民が平成5（1993）年8月に丸山千枚田保存会を結成したことにある。翌年には、保存会の活動を支援するために、全国で初めて棚田保存のための条例が制定された。そし

谷を挟んだ向かいの道路より見た棚田全景

丸山千枚田
所在地：三重県熊野市紀和町丸山
建設年：不詳

て、財団法人紀和町ふるさと公社（現一般財団法人熊野市ふるさと振興公社）を設立し、棚田の復元作業を進めることになったのである。

　長年放置されていた木の伐採や切株の除去など、復元は容易ではなかったが、現在も保存会と公社が共同して維持管理を行っている。事業の一環として、復元した棚田の「千枚田オーナー制度」を導入した。この制度は農業経営基盤強化促進法の「特定法人貸付」制度を活用し、棚田の所有者から熊野市が借り受け、熊野市が特定法人として公社に転貸するという仕組みである。

　また、条例のもと、屋外広告の設置や建設行為に制限を加えており、ガードレールや倉庫などを茶色に塗装するなど、風景の保全にも努めている。

防災への貢献

　棚田は、稲を育てる水田と、その水を堰《せ》き止める畔《あぜ》を1枚として構成される。畔は、土のものと石垣のものがある。水田は、下層に水を通さない赤土混じりの層、上層に養分を含んだ黒土などで構成した層がある。水は、水源から畔を越えて下方の棚田に供給される。

　意外なことに、棚田は防災にも役立っている。一時的に多量の水を蓄えることができるため、大雨などの際に急激な水の移動を防ぎ、洪水を抑制する働きを担っているのだ。また、棚田が傾斜地にあることで、おのずと地滑りが防止されている。

継承される伝統技術

　丸山千枚田の石垣は、最初こそ専門家を交えて築いたとされるが、修繕や維持管理は住民が行ってきた。

　畔に土を盛ったり、止水のための石積みに土を塗ったりする。こうした土を更新する「畔塗り」「クロ塗り」と呼ばれる作業が毎年行われる。女性が前年の畔の土を鍬《くわ》でそぎ落とし、水田に入れて混ぜて練り、新しい畔として塗っていくという。

　これは伝統的に、住民に継承されてきた技術のひとつである。技術というのは、一個人の優れたそれだけでなく、誰もができる身近なものもある。地域に住む人々に継承されてきたからこそ、困難を乗り越え、棚田を復元することができたのだろう。

　名人芸のような珍しい技術は注目されやすいが、身近な技術というのは注目されにくい。現在の民俗文化財は、文化財保護法の改正もあって民俗技術が加えられているが、それが土木遺産を守るための技術の継承に少しでも役立つことを願いたい。

　効率化を目指せば、棚田を復元するどころか、平地にするか休耕するしかない現代において、この取り組みは革新的でもある。かつては日常的に草取りなどを行う棚田が1、2枚あれば、家族が食べる分は足りたという。裏を返せば、人の手で維持管理できない棚田は存在しなかったということである。身近な土木遺産を継承していくヒントは、こうしたヒューマンスケールにありそうである。

　丸山地区は高齢化、過疎化が深刻で、棚田を継承していくためには、これまでの専業スタイルから、兼業農家のスタイルを確立していくことが求められそうである。

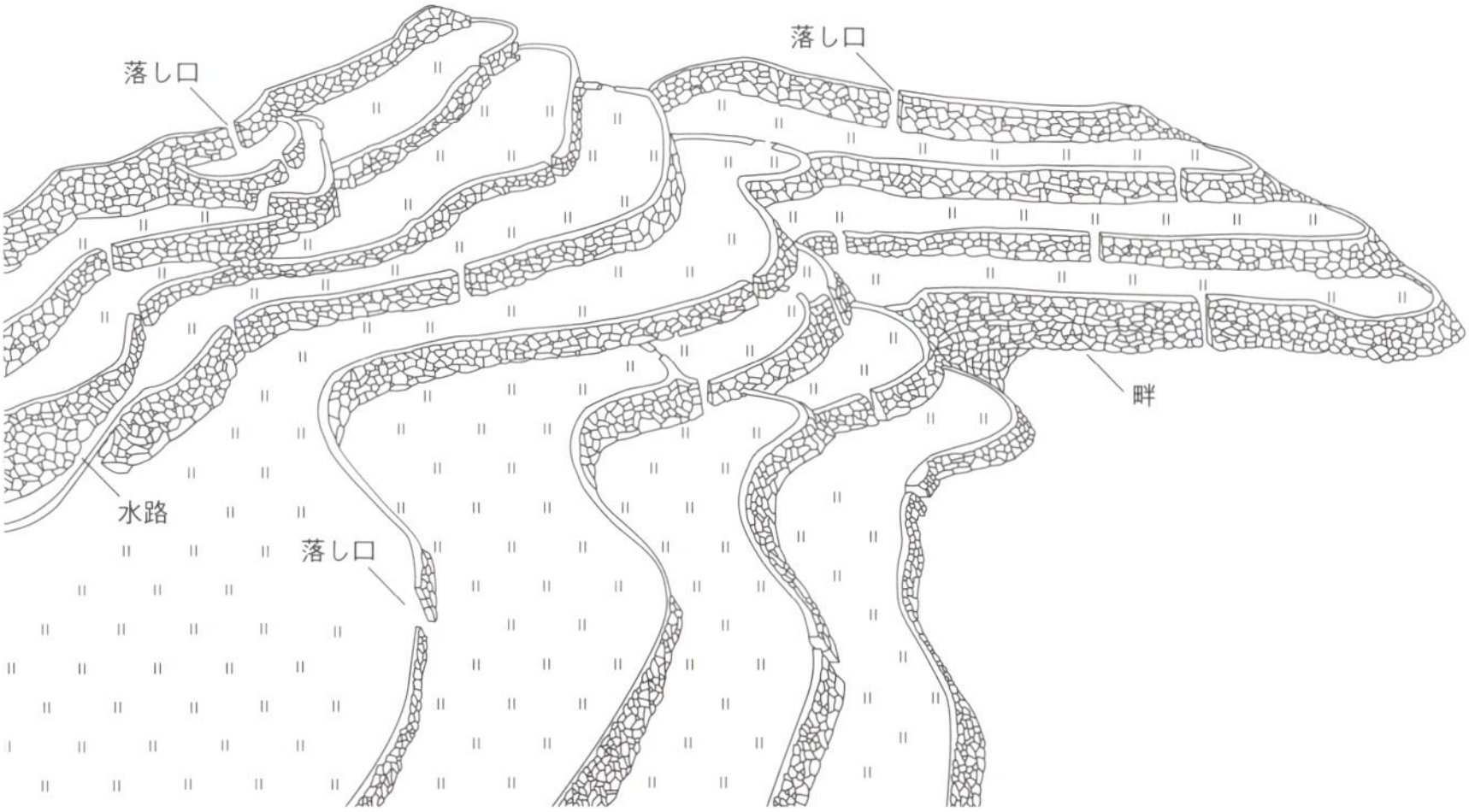

棚田のシステム。水の養分が効率良く行きわたるよう、また水が温められるよう水の落とし口が工夫されている

田んぼにはオーナーの名札が立てられている

田んぼの所々に見られるかかし

排水性にすぐれた野面（のづら）積みで築かれた畔の石垣

消石灰と真砂を水で練り固めた人造石造

愛知県

水中貯木が物語る林業と水運のあゆみ

百々貯木場
所在地　愛知県豊田市百々町１丁目地内
見　学　可
建設年　1918年
【市指定有形文化財（豊田市）】
【選奨土木遺産（土木学会）】

百々《どうど》貯木場

矢作《やはぎ》川沿いにある百々貯木場は、上流の川幅が狭く、材木を筏《いかだ》にして搬出できないため、1本ずつ流して川幅が広く流れが緩やかな場所に集め、筏に組み直す必要があった。そのため平坦な地に土場（貯木場）が誕生した。材木商の今井善六が大正7（1918）年に建設した百々貯木場は、敷地面積が6268㎡にもおよぶ。木材を陸揚げせずに、貯水池に浮かべて集める水中貯木場である。貯水池の面積は5000㎡で、一部に製材所が建っていた。一般に、貯木場は河口や港に多く、川の中流域にあるのは珍しい。

昭和4（1929）年、上流に発電用のダムが建設されて材木を流せなくなり、使用されなくなった。しかし昭和60年代、20世紀初頭の貯木場の姿を留めるこの場所の価値が見出され、地元有識者と市の積極的な働きかけで保存が進められた。この際、市が土地所有者から貯木場を借り上げて固定資産税を免除し、借地代とする措置がとられ、平成9年に市が土地を取得した。

平成5（1993）年に公園整備を終え、その際に貯水池の土砂が取り除かれ、補修・整備が行われた。現在は、石垣などの構造物を間近に見ることができる。矢作川と貯水池との間にある樋門は見どころのひとつで、ここには大正6年竣工の篆刻《てんこく》がある。

南禅寺境内にたたずむ煉瓦造の水路閣

京都府
滋賀県

高低差をインクラインで乗りきる

琵琶湖疏《そ》水《すい》

琵琶湖疏水
所在地　京都府京都市、滋賀県大津市
見　学　可
建設年　1890年（第1疏水）
【国史跡名勝記念物】【選奨土木遺産（土木学会）】発電施設群

琵琶湖疏水は、琵琶湖の水を滋賀県大津市から、京都市内に通水した用水路のことである。設計は、卒業論文でこの疏水を計画した田邊朔郎である。

この疏水には、第1と第2の経路がある。第1疏水は、明治18（1885）年6月から同23年4月まで工事が行われ、南禅寺の水路閣などが竣工する。第1疏水と並行する第2疏水は、明治41年から同45年まで工事が行われ、蹴《け》上《あげ》浄水場などが竣工する。第1と第2は、南禅寺船溜で合流する。

注目したいのは、南禅寺船溜から蹴上船溜を結んだ明治23年竣工のインクライン（傾斜鉄道）である。合流した疏水の本線は、南禅寺船溜から鴨川に抜け、疏水分線は南禅寺水路閣を通って白川に合流する。水力を動力源とするには、南禅寺船溜の合流地点の先にある蹴上で発電を行うため、鴨川方向へ向けて一気に落差を付ける必要がある。一方、蹴上船溜や南禅寺船溜に到着した船にとっては、この落差を、荷物を積載しながら移動するのは難しい。そこで、傾斜面に上下線2本のレールを敷き、インクラインの艇架台で船を運ぶ。こうして船から乗り降りせずに急斜面を昇降できるよう解決を図ったというわけである。明治24年11月に運転が開始され、昇降する動力に水力発電が採用され、その電気で同28年、京都に路面電車も走ることになる。

兵庫県

旧神戸居留地煉《レン》瓦《ガ》造下水道

旧神戸居留地煉瓦造下水道
所在地：兵庫県神戸市中央区浪花町、明石町
建設年：1872年
【国登録有形文化財】

下断面が細く、少ない水量でも水の流れを確保する仕組みとなっている

わが国初期のレンガ造下水施設

平成7（1995）年の阪神・淡路大震災で全壊した重要文化財の旧神戸居留地十五番館（平成10年復元）の玄関脇に、国登録有形文化財の旧神戸居留地煉瓦造下水道が保存されている。

地中に埋まっている部分は口径90㎝、長さ90ｍの円形管、地上に展示された部分は口径60×46㎝の縦長の卵形管で1・5ｍの長さである。地中の円形管も、内部が見られるよう管の一部に穴を開け展示されている。いずれも明治5（1872）年頃に設置されたもので、レンガ造である。レンガ造の構造物としては、国内では最初期の例のひとつである。設計は、神戸居留地の計画を行ったイギリス人技師のJ・W・ハートとされる。

これより10年ほど後に整備された下水管が、横浜市にも残されている。国登録有形文化財の旧横浜居留地煉瓦《レンガ》造下水道マンホールは、横浜居留地を設計し、灯台の父とも呼ばれたR・H・ブラントンが明治初年に設計・監督を行った陶管の下水道を、レンガ造に更新した際の施設である。設計は、神奈川県土木課御用掛の三田善太郎によるもので、明治14～16年にかけて工事が行われた。レンガ造の卵形管で、横浜開港資料館に隣接する開港広場に保存展示されている。現在は、ガラスのカバーで覆われていてその様子はほとんど知ることができないが、今後整備され、より見やすくなる予定であるという。

ともに、再現することが容易でないものとして、国の登録有形文化財となった貴重な遺構である。下水道は、臭い汚いというイメージもあり、興味を持つ人も少ないかもしれないが、こうした文化財をきっかけに理解が深まれば幸いである。

構造が理解しやすいように地上展示されている

旧横浜居留地煉瓦造下水道マンホール。ガラス張りにし、現存する下水道を見せている

横浜元町に残るジェラール水屋敷（国登録有形文化財）。湧水を利用した簡易水道

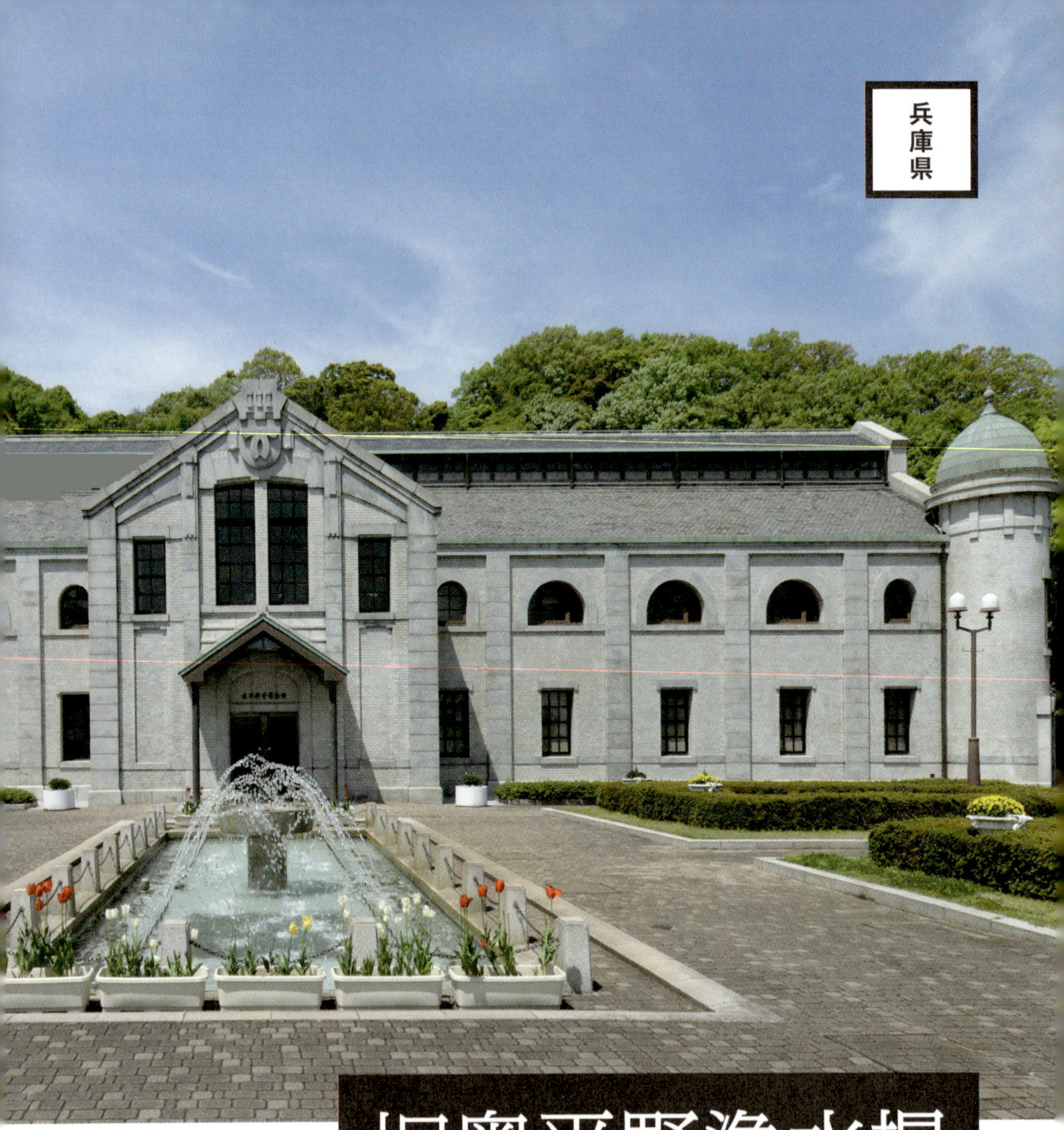

兵庫県

旧奥平野浄水場

明治期のレンガ造建築が今に生きる

浄水場を博物館に

旧奥平野浄水場は、神戸市水道局が所管する施設で、明治33（1900）年に開設された。当時は、市街地から離れていたが、現在は市街地化が進み周辺には集合住宅が建ち並んでいる。一方、裏には山がそびえており緑豊かで、衛生に気を配る水道施設ならではの環境の良さに加えて、敷地内に庭園が整備されているので、地域の人々の公園としても利用されている。

現在、水の科学博物館として公開されている旧急速濾過《ろか》場上屋（以下「上屋」）は、大正6（1917）年に市内水道の拡張整備にあわせて建てられた。昭和57（1882）年に、施設の老朽化と新たな水需要に対応するため、新設備が導入されたことにともない、その役割を終えた。昭和60年、水道に関する博物館をここに設置する構想が立てられ、保存・活用のための改修が行われることとなった。平成元（1989）年の神戸市100周年と、翌年の水道給水開始90周年を記念して、神戸市水の科学博物館として平成元年に開館した。この際、建物の改修とあわせて、前面の空き地も庭園として整備された。

ドイツ風デザインの保存

上屋は、明治期を代表する建築家の1人、河合浩蔵（1856～1934年）の設計である。また、外観のデザインが優れている等の理由で、日本建築学会の『日本近代建築総覧』（技報堂出版）で価値ある近代建築のひとつとして評価された。建物の保存にあたっては、このことが大きな動機

旧急速濾過場上屋の正面全景。左右対称の構成や両端の階段室が特徴。中央部分には神戸市のマークが見られる

旧奥平野浄水場（神戸市水の科学博物館）
所在地：兵庫県神戸市兵庫区楠谷町37-1
見　学：可（博物館開館時）
建設年：1917年
【国登録有形文化財】
【景観形成重要建築物（神戸市）】

付けとなった。河合は、神戸市に事務所を構えたことから、市内にはいくつかの作品が現存する。ドイツ留学の経験から、ドイツ風デザインの作品が多く、この建物もそのうちのひとつといえる。

　保存改修にあたっては、レンガ造の躯体が当時の耐震基準に合致しないうえ、基礎の松丸太が劣化していたこともあり、躯体と基礎の鉄筋コンクリートによる補強が図られた。外観のデザインや材料を保存することに重点が置かれたため、外側には補強を表さず、内側に鉄筋コンクリートの壁を密着させる方法が採用された。このため、外観は当初の雰囲気をよく残すが、内部は一部を除くと新しい建物として生まれ変わっている。このような保存への取り組みが認められ、平成2年には市の建築文化賞を受賞し、平成8年には建築・設備維持保全推進協会（BELCA）から良好な維持・保全を行ったとして表彰され、平成10年には国の登録有形文化財として登録、平成12年には市の景観形成重要建築物に指定された。

子どもたちが親しむ見学施設

　館内では、参加・体験を重視した展示により、水道だけでなく水全般に関する知識を、楽しく遊びながら学ぶことができる。そのため、博物館の利用者は子どもが比較的多い。市内の小学校の社会科の授業では、見学施設のひとつに数えられていることから、小学校低学年の子どもの来訪も多い。浄水場全体としても、年間通して様々なイベントが行われている。

　このように、旧奥平野浄水場は市民に親しまれる土木遺産であるとともに、上屋が博物館として有効に機能している点は注目に値する。こうした機能を備えるにあたって、施設全体に魅力があるというハード面はもちろんのこと、展示内容やイベントといったソフト面にも気が配られていることも見逃すことはできないだろう。

他の遺産との関係づくり

　理想的な保存活用が行われている旧奥平野浄水場の他にも、市内には水道にかかわる複数の近代土木遺産が現存する。例えば、布引水源地水道施設五本松堰堤（明治33年）、烏原立ケ畑堰堤（明治38年）、神戸市水道局千苅堰堤（大正8年）という3つのダムが国登録有形文化財となった。なかでも、五本松堰堤と烏原立ケ畑堰堤によって蓄えられた貯水池の水は、旧奥平野浄水場に送られており、密接な関係がある。水の科学博物館には、神戸水道の歴史や水質管理などの展示コーナーがあり、これら土木遺産をはじめとした水道施設について、まったく説明がないわけではないが、その存在はあまり強調されていないように思われる。

　できれば、神戸市水道の歴史にあわせて、こうした土木施設の意義・役割や成り立ちについても博物館で学べるようにし、水道施設をめぐるツアーなどがあってもいいだろう。さらに、近代土木遺産の「歴史」という少し堅い部分についても、楽しく遊びながら学ぶことができれば、それは理想的な土木施設の保存・活用といえるのではないだろうか。

烏原立ケ畑堰堤。ここで貯えられた水が旧奥平野浄水場に送られる

布引水源地水道施設五本松堰堤。
日本初のコンクリートを用いた重力式ダム

博物館 2 階の水とくらしゾーンの展示

岡山県

大多府《おおたぶ》漁港元禄防波堤

改修を重ねて使い続ける

大多府漁港元禄防波堤
所在地：岡山県備前市大日生町大多府 248-2
建設年：1698 年頃
【国登録有形文化財】

港の側から見た元禄防波堤。堤の石材の産地は特定されていないが、大多府島の西方に位置する前島・犬島等の島々で産出される花崗岩と同質のものが用いられている

明治期以降にひけをとらない築造物

この防波堤は、瀬戸内海に浮かぶ大多府島にある。島の北側は凹形になっており、その地形を利用して港がつくられている。港の西側に、北へ伸びるように築造された石積みの防波堤が元禄防波堤で、平成10（1998）年1月には、国登録有形文化財となった。

この防波堤は、その名の通り、元禄11（1698）年に築造されたと伝えられる。本書では、主に「近代」の土木遺産を扱っているが、江戸時代の例を取り上げたことには理由がある。

ひとつは、大型の人工構造物を築いて港湾を整備するという手法そのものが、近代の港湾計画に通じているからである。また、石積みの大型土木構造物としても、この防波堤が明治期以降のものにひけをとらない規模、意匠、技術を誇っているからである。つまり、これはきわめて近代的な構造物といえるのだ。

日本史では、桃山時代や江戸時代を「近世」といい、西洋史では桃山時代が始まる16世紀頃からを近代として区分している。この防波堤を見ると、西洋史における時代区分がわが国にもあてはまりそうにも思えてくる。

使いながら保存する

ここでは、近世の土木構造物が、現代に至るまで維持管理され、利用され続けている点に注目してみたい。

この防波堤が現在まで保存されているのは、近代に部分的な改修を含む不断の維持管理が行われ、構造物としての欠点が補われてきたからに他ならない。

防波堤の石積みは一様ではなく、少し見栄えが劣るコンクリート補修も見られる。これは、様々な時代に手が加えられたことを物語る。

構造物が創建時のままの姿で残されていることを、評価する人は多い。このため歴史的建築物を保存する場合などには、後に改造されていたものをわざわざ創建時の姿に復原することもある。

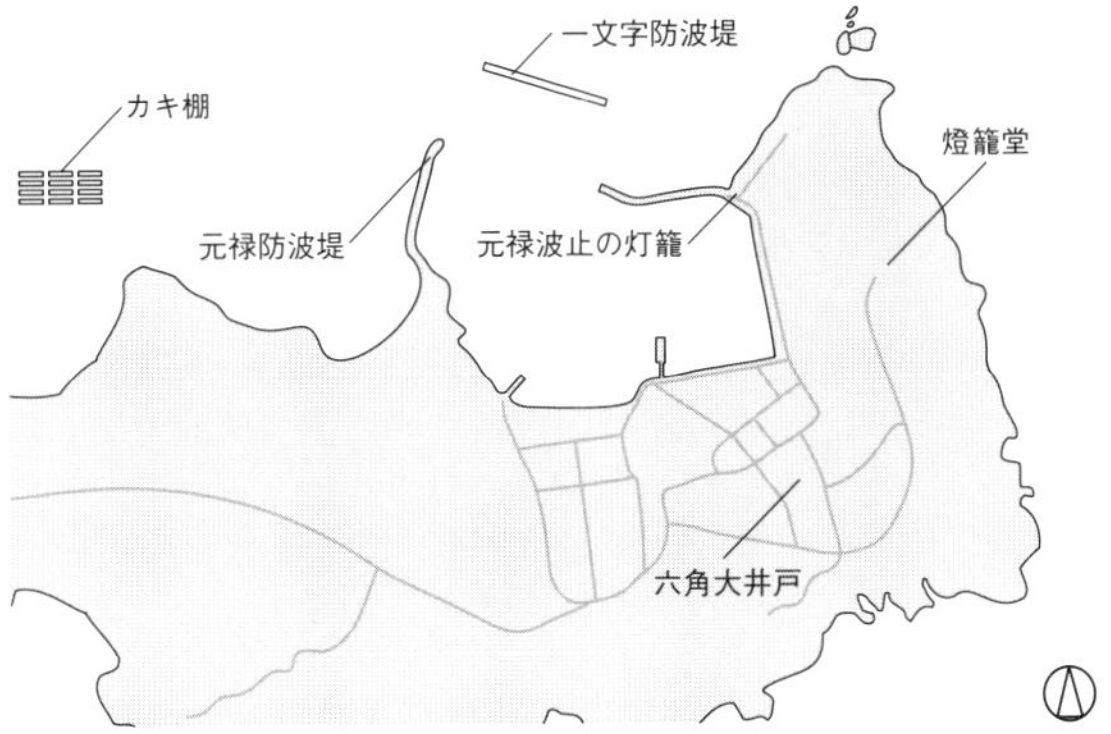

大多府島北西部

一方、土木構造物のほとんどは、創建時のままの姿で残していくことには限界がある。なぜなら、人の生命・財産の安全を守る役割を果たすためには、時代の要請に応じて性能を向上させていく必要があるからである。

したがって土木構造物は、むしろ後に加えられた維持管理や改修の手も含めて評価の対象とすべきである。言い換えれば、土木構造物に新しく手を加え現代的な性能を持つ施設に変えていく際に、古い施設が持つ意匠・技術等の価値を失わない方法が、問われているのである。近代に加えられた維持管理や改修の手によって未だ現役で人々に親しまれているこの防波堤は、そうした価値を失わなかった成功例といえるだろう。

保存活用というと、昔のままの形を残したり、創建時の姿に復原したりする試みに注目しがちである。しかし、この防波堤のように、維持管理しながらもとの機能のまま使い続けるということも、立派な保存・活用なのである。

中継港から漁港へ

元禄防波堤の築造事業は池田藩によるもので、藩の重臣・津田永忠の指揮により進められたという。津田は、この他にもいくつかの土木・建築事業を手掛けている。

開港以降、港は播磨国室津から備前国牛窓に至る中継港（「潮待ち・風待ちの港」と呼ばれる）の役割を果たした。江戸時代の資料では、「大漂《おおたぶ》港」と記される。近代に入り、港は大正10年に岡山県の管理する港湾に指定された。しかし、海運の輸送方法の変化とともに中継港の役割を終え、漁港へと姿を変えた。近年、県管理の漁港として環境整備事業が行われ、周囲には養殖用のカキ棚が並ぶ。

このように、防波堤としての機能は江戸時代から変わらないが、港湾機能は時代とともに変化している。この変化が、防波堤の存続を助けたと見ることもできるだろう。

防波堤は、総延長129・7m、堤上方の幅約6m、高さ約5mで、先端部は堤を2段重ねたような形になっている。その最大の特徴は、角を曲面にした断面形状にある。この形状は、津田永忠が手掛けた他の石造構造物にも見ることができるため、近世から存在した技術であったと推定されている。岡山県和気市にある旧閑谷学校の周囲に巡らされた石塀（重要文化財）も、そうした事例のひとつである。

島の「近代」を今に伝える証人

同時代の施設として、水源を確保するために掘削された井戸、航路用灯台として建設された燈籠堂が残されている。これらはともに役割を終え、史跡として近年整備の手が加えられた。

大多府島は、この港がつくられるまで無人島だったとされ、開港は記念すべき出来事であった。防波堤、井戸、燈籠堂は、その歴史を語る貴重な証人といえる。人々が島に住み始めたことが、島にとっての「近代」の始まりとみるなら、これらは立派な近代土木遺産ということになるだろう。

防波堤の先端部から見た海。海上にカキ養殖の施設が見られる

井戸。地上に立ち上がった枠は近年の整備によるものだが、内部は地中部の側壁に古い石積みが残されている

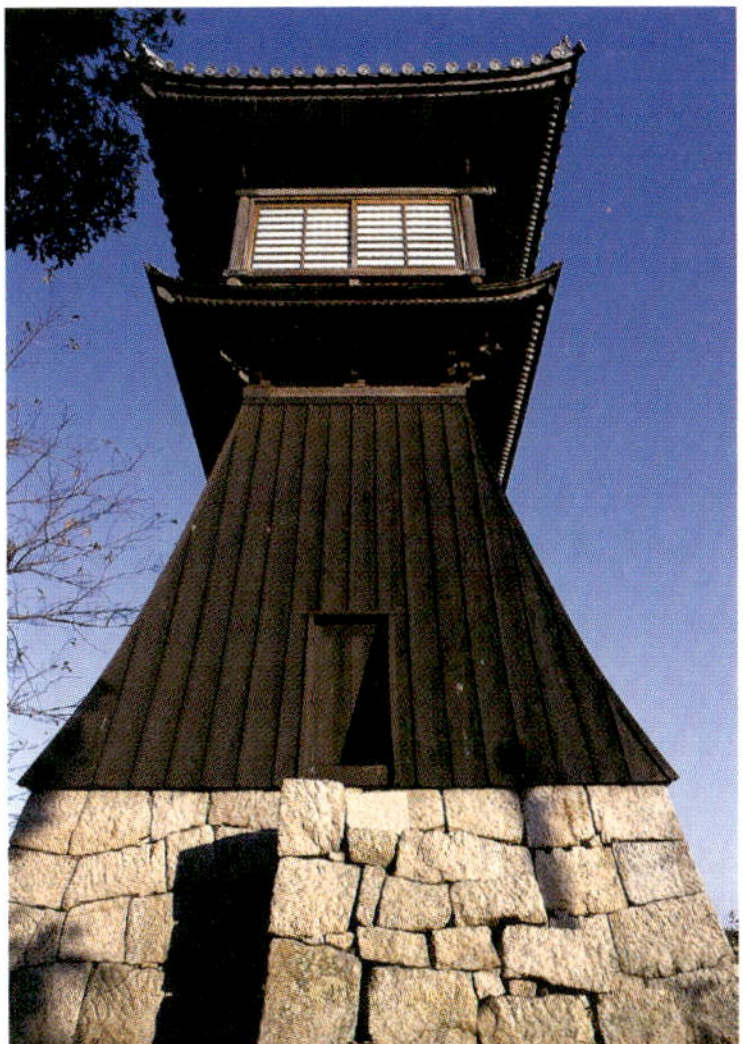

燈籠堂。石積みだけが残されていた基礎の上に、建物をつくって整備した

広島県

住民や観光客が ゆったり腰を下ろす船着き場

鞆《とも》の浦の雁《がん》木《ぎ》

常夜燈と大雁木。階段状の雁木は潮の干満に対して柔軟に対応できる

鞆の浦は、宮崎駿監督作品『崖の上のポニョ』のモデルとなった地として、メディアに頻繁に登場したことを覚えている方も多いだろう。「雁木」とは、本書のコミセ（23頁）でも紹介したように、雁が群れを成して空を飛ぶようにギザギザし形の総称で、建築的には複数の意味がある。鞆の浦の雁木は、海岸の形式として石積みで階段状に構成した護岸を指す。これは、江戸時代の荷揚げ場としては標準的な形式であったが、その姿を残す地域は全国的に見ても数えるほどしかない。海岸を階段状にすることで、潮の干満に関係なく船着き場とすることができる。

鎌倉時代後期に大陸との交易路として栄えた瀬戸内航路の重要な港町として繁栄し、近世初期に北前船の潮待ち、風待ちのための寄港地として整備された。おそらく大型船とは、艀《はしけ》で行き来していたのだろう。寛政３（１７９１）年に円弧形の護岸が整備され、これ以降は大きな変化がないとされている。

伊東孝らの調査によると、明治初年の古地図と比べて、雁木は39％に相当する総延長１６２ｍが現存するという。また、平均高さは約３ｍで段数は20段前後（大雁木とされるものは全体の高さ約３・５ｍで段数は24段）、蹴上げは約13〜19㎝、踏面は約25〜31㎝で、勾配は23〜40度であるとしている。現在の一般的な階段寸法に近いが、平均身長も現代と

鞆の浦の雁木
所在地　広島県福山市鞆町
建設年　1800年代(現存するもの)

は異なるので、身体を基準にしながらも、横付けする船の大きさと水深、干満差の4mを考慮して、おおまかな勾配を決めたのではないだろうか。雁木は石積みで、石と石の間には空隙も多いが、もともとは消石灰と砂と砂土に水を加えて練った日本古来の三和土《たたき》が使用されていたとされる。

雁木以外にも、鞆の浦は文政7(1824)年築の石積みの波止場、今の灯台に相当する安政6(1859)年築の常夜燈、ドック(修船場)に相当する石積みの焚場、船の出入りを監視する江戸初期築の船番所跡など、江戸時代の港湾施設がまとめて残るという他に類のない特徴がある。また、明治から昭和初期の建物を含めて、歴史的な町並みを残す場としても知られている。

北雁木より大雁木側を見る

北雁木

防波堤として使われる波止

山口県

江《え》畑《ばた》溜池堰堤

農作物を守る溜池群

江畑溜池堰堤
所在地：山口県山口市阿知須源河
建設年：1930 年
【国登録有形文化財】

貯水池からの水圧を堰堤の重量で支える重力式堰堤

灌漑用溜池と農業

山口県阿知須《あじす》町は、古来より水資源に乏しい地域で、他の地域と同様に、江戸時代からは溜池を各所に築いて灌漑用水とし、農業を行ってきた。現在も小さな溜池が数多く点在するが、その代表的なものとして昭和5（1930）年竣工の江畑溜池堰堤によって水が溜《た》められた江畑溜池がある。

江畑溜池堰堤は、明治22（1889）年12月に当時の村会議員・徳田譲甫《じょうすけ》によって築造されたが、翌年7月1日の豪雨で堰堤が決壊し、流域の住民に多大な損害を与えた。明治24年、村長に就任した徳田は再建計画を立てたが、被害に遭った住民の反対にあって断念する。昭和2年11月に山口県の用排水改良事業補助要項に基づく溜池建設の実施計画が立てられ、3カ年継続の県補助事業として翌年9月に起工した。竣工式は、県会議員ら500余名を招待して昭和6年3月21日に行われた。

日本でも最初期の灌漑用の重力式粗石コンクリート造の堰堤で、表面には花崗《かこう》岩を張っている。粗石コンクリート造とは、大きめの石を使用したコンクリート造で、重力式は貯めた水量をダムの自重で受け止める方式である。堤長約69m、堤高約14mと大規模なものであるが、「ダム」に定義される高さには満たないため「堰堤」とされる。堤の中央部には半円形平面の取水塔が付く。貯水量は45万㎥、満水面積は10ha、流域面積は115haで、現在も30haの農地を潤している。

現在、堰堤のすぐ脇に、昭和9年建立の「溜池竣工記念」（題字：山口県知事・菊山嘉男）と記された碑がある。この碑には、監督者として山口県技師・武冨憲時、同技手・荒瀬長一、助手・兼重喜一の名が刻まれている。彼らが工事の中心人物である。荒瀬は、後に大分県農林技師として重要文化財・白水溜池堰堤水利施設（132頁）の工事も手掛けている。

3つの溜池による相互補完

江畑溜池の他に、この地域の主な溜池として万年溜池と黒谷溜池がある。

万年溜池は、元禄年間の築造と伝えられ、

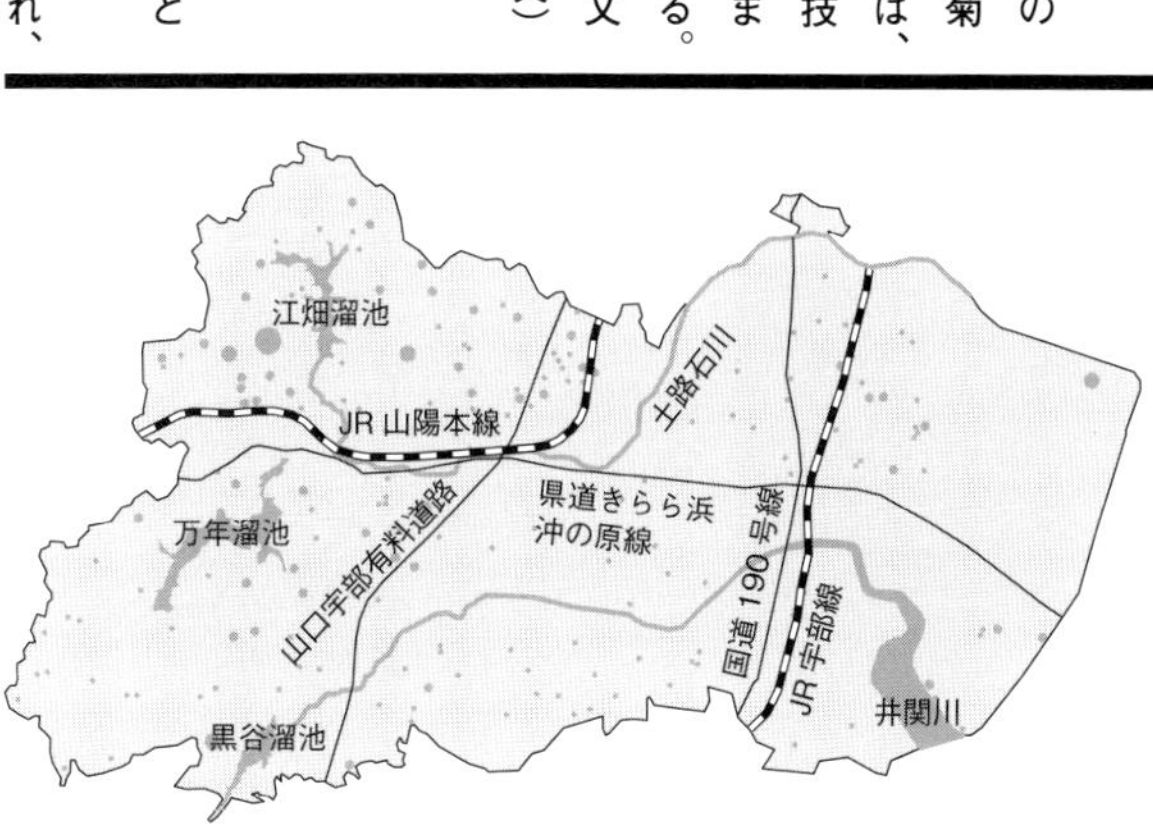

阿知須町の溜池分布図。左側の大きなものが、北から江畑溜池、万年溜池、黒谷溜池となる。黒谷溜池は、南側に隣接する宇部市に接している

安政6（1859）年の修復工事後に貯水池の面積が約10倍となる。昭和39年に補強工事が完了し、水面が約30㎝かさ上げされて貯水量が増し、余剰分は補水として黒谷溜池へと送られ、相互に水を補う仕組みとなった。黒谷溜池は、明治38年7月7日に起工、同40年1月12日に竣工している。

3つの溜池をつなぐ補水路は、昭和57年から平成10（1998）年頃まで行われた県の圃《ほ》場《じょう》整備工事で、地中埋設のパイプに更新された。こうすることにより、万年溜池と黒谷溜池が枯渇しても、自動的に江畑溜池から補水される。水循環による反復利用で安定した水の供給が可能となり、3つの溜池で約300haの田畑を潤している。地中埋設のパイプは、水田ごとにポンプアップすることが可能で、水田への供給も安定した。

溜池に蓄えられた水は、用水路によって田畑へ供給される。古くからの用水路はほとんどが土水路で漏水が多く、水の流れも悪かったため、昭和40年代にはその多くがコンクリート製の地下用水に改修され、地上に残る現役の土水路はわずかとなった。

決壊を防ぐ工夫

自然の地形を活かして人が素掘りしたものが基礎となっている溜池は、一見自然の池のように見えて景観上は良い。けれども、その維持管理は容易ではない。事実、阿知須町では、何度も決壊している。コンクリートやコンクリートブロックなどで押さえた溜池は、人工物で補強したことによって景観を損ねているようにも見えるが、維持管理という点ではやむを得ない事情も存在するのである。

溜池の維持管理に加え、この地の人々が農業用水の確保に対して苦労を積み重ねてきたことを示すものに、雨乞い記念碑がある。記念碑は、日吉神社の境内にあり、その銘文には明治30年8月6日に建立されたこととあわせて、明治元年から同30年までに6回の雨乞祈願が行われたことが記されている。その後は、昭和41年夏に雨乞祈願が行われている。

阿知須町の溜池といえば、とかく江畑溜池だけが注目されがちだが、他にも大小様々な溜池が豊饒な農作物をつくり出している。これは、阿知須町の人々が苦労して改良を重ねながら、農業を営むために知恵を働かせてきた結果である。近年、コンクリート製の構造物に対して様々な観点から批判が行われている。批判やむなしという面もあるかもしれないが、むやみに批判するばかりでなく、歴史を知ったうえでの冷静な発言を願いたいものである。

左は溜池から流れる水を水田へと流し込む水路、右は道路際の側溝から続く雑排水の水路。2つの水路は、完全に分離した状態で並行している

堰堤は周囲の景観に溶け込む。自然の地形を活かした溜池の水面は、堤上から近い距離にあるので、歩いて水面に近付くことができる

小さな溜池は町の至るところにあり、そこから流れ出る水は、石積みの水路を通って田畑へと送られている

山口県

下関市水道局 高尾浄水場

緩速ろ過法の現役水道施設

明治期につくられたろ過池

下関市水道局高尾浄水場は、配水池、着水井、4号円形ろ過池、4号円形ろ過池付調節井の4施設が国の登録有形文化財である。下関市水道局の所管する施設としては、この他に5施設が登録されている。これらは、下関市が平成18（2006）年に水道給水100年を迎えるにあたって、土木遺産の積極的な保存活用に努めてきた結果ともいえる。

下関市の上水道施設は、お雇い外国人技師として知られるW・K・バルトンが、内務省の顧問技師として計画したものを基礎としており、大阪市水道工師長であった瀧川釖二《とうじ》が実際の設計を行った。完成は、明治39（1906）年のことで、国内では9例目の近代水道として給水を開始しており、現存する4棟の施設はこのときにつくられたものである。

ここでは、特にこの水道施設の高尾浄水場にある緩速ろ過池にかかわる伝統的な技術に注目してみたい。

高尾浄水場4号円形ろ過池付調節井

配水池。深さ約5mの池の上部にレンガ造のアーチ屋根をつくり、上に土をかぶせている

下関市水道局高尾浄水場
（高尾浄水場4号円形ろ過池付調節井、高尾浄水場4号円形ろ過池、高尾浄水場配水池、高尾浄水場着水井）

所在地：山口県下関市春日町 8-1
見　学：可（要申込み）
建設年：1906年
【国登録有形文化財】

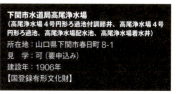

緩速ろ過法

水をろ過する方法には、薬剤を使用する急速ろ過法と、自然の生物の活動を利用する緩速ろ過法がある。緩速ろ過法は、ろ過層で増殖した微生物の働きにより水中の不純物を除去する方法で、ろ過層表面には微生物群等によりろ過膜がつくられる。歴史的には古くから採用されてきた方法で、1829年のイギリスに誕生し、日本には明治20年に横浜の水道施設で用いられた。この方法が国内で普及するのは、第2次世界大戦後のことである。

取水地から送水された高尾浄水場の水は、緩速ろ過池でろ過される。ろ過池は下方にろ過層、上方に水が約0・9～1・2m張られている。その下のろ過層は、1・1～1・5mの厚さがあり、砂層と砂利層で構成されている。水深に換算すると1日に4～5mの速度でろ過され、その水を消毒して配水池で一時保管する。

これは、現在、新設される緩速ろ過施設でも採用される方法で、維持管理の伝統技術として継承されている。

砂層の削り取り

ろ過層の維持には、汚れとセキエイを主成分とした砂層の厚さの管理が大切である。ろ過を繰り返すことで、ろ過層の表面に汚れがたまり、目詰まり等でろ過ができなくなることがあるため、定期的に砂層の表面を1～2㎝ほど削り取って汚れを除去する作業を行う。長府浄水場では、この作業を「削り取り」と呼び、およそ20～40日間隔で実施される。

砂層は最低でも約40㎝の厚さを保たなくてはならないため、5～6年に1回、汚れた砂を除去する削り取りの後に「補砂」と呼ばれる砂を補う作業が必要となる。

削り取りは、ろ過池の排水後に砂層表面の汚砂を削ることにはじまる。この作業は、外周部と中央部を削る者に分かれて行う。中央部は、横に列になって、2人1組で向かい合わせになり、鍬で汚砂を削っていく。

削り取りが終わると、汚砂を搬出する。列状に山になった汚砂を鋤簾《じょれん》ですくい上げ、一輪車で運び、ベルトコンベアでトラックに積み込む。汚砂は、市内の他の浄水場で水洗いされ、補砂として再利用される。

汚砂の搬出後は、均《なら》し棒で砂層の表面を均していく。そして、原水をろ過池に張り、ろ過水を逆流させて水を流入させ、ろ過排水を行いながら、ろ過機能の発現を2～3週間待つ。水を抜いたろ過層は、強い雨や直射日光でもろ過機能の発現が遅れるため、天候にも十分な配慮が必要となる。

この作業は、農業従事者が適しているといわれている。砂層管理の道具類が農業で使われているものに似ているということもあるが、それに加えて作業自体も農業で培われた技術が活きるということだろう。

都市と農村の共存

緩速ろ過された水はおいしいといわれるが、そのためには取水地の水の質が良いことが必須条件である。良質な水をこの方法でろ過した水だからこそおいしいのである。緩速ろ過法は、集団感染の原因となる原虫類も除去できるので、安全面でも高く評価されている。

ところが、現在の水道法施行規則第17条

3では、蛇口での残留塩素が0・1mg以上検出されるよう塩素消毒を義務付けている。安全でおいしい水でも塩素消毒しなければならないのである。緩速ろ過法という伝統技術に対する再評価が必要なようである。

同様のことは、削り取り作業についてもいえる。現在、この作業は機械化が進んでいる。機械化は、省力化や効率化を可能にする一方、農業従事者と浄水場のかかわりをなくしてしまうという側面がある。彼らが緩速ろ過にかかわるということは、見方を変えれば都市部から農村部への資本の還元であり、消費者である都市と水源地の農村との良好な関係をつくっているともいえる。おいしい水を通して、都市と農村が共存することの方が、環境負荷の削減や社会の持続性という点で、機械化より大事なことではないだろうか。

長府浄水場の緩速ろ過池。「削り取り鍬」と呼ばれる道具でろ過層の汚砂を削り取る

高尾浄水場着水井。内径約3.6mの円形でレンガ造。頂部は御影石造

香川県

豊稔池ダム

現存する日本最古の
マルチプルアーチダム

用水の確保

香川県は、夏になると毎年のように水不足に悩まされる。このため、用水の確保は、昔から重要な課題であり、県内には多数の溜池がつくられている。ダムによってつくられた豊稔池も、農業用水を確保するための溜池である。ダムは山間にあり、ダムより下流側の山裾にある溜池・井関池の水量を確保するための水を山間の豊稔池に溜める仕組みとなっている。井関池に溜まった水は、さらに低地にある530haにおよぶ田畑を潤している。

ダム建設の構想は、大正12（1923）年に地元の耕地整理組合によって立てられた。大正15年3月に起工し、昭和4（1929）年11月に竣工、翌年3月に竣工式が行われた。ダム形式の選定は、農林省技師・杉浦翠によるもので、県の農林技師・木村眞五郎が設計主任を務め、神戸市等で水道用ダムの設計を多数手掛けた顧問の佐野藤次郎が工事の指導にあたったという。事業の経緯等は、昭和8年建立の豊稔池碑の碑文に刻まれている。平成

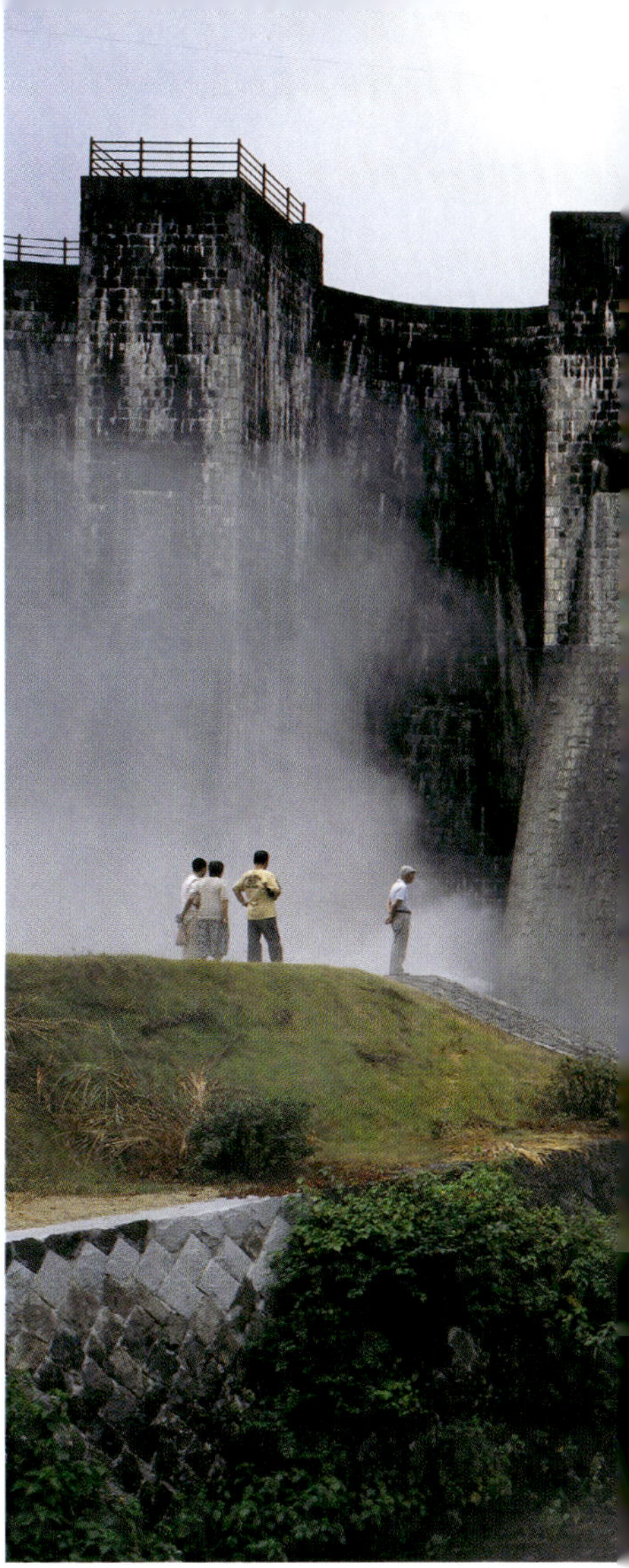

ダム下流側全景。右端の洪水吐から「ゆる抜き」が行われている

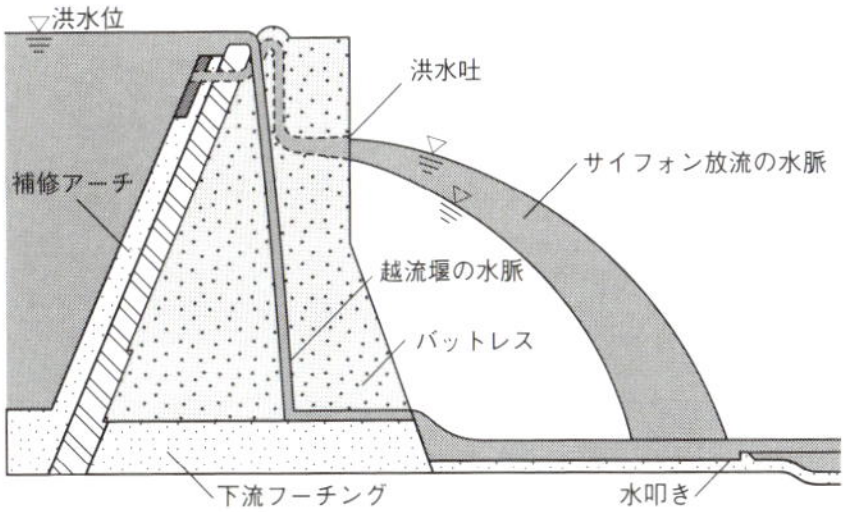

ダムに溜まる水を流す仕組み

豊稔池ダム（豊稔池堰堤）
所在地：香川県観音寺市大野原町田野々
見　学：可
建設年：1929年
【国重要文化財】

18（2006）年にその価値が認められて、国の重要文化財となった。

バットレスの上に連続するアーチ

堤高30・4m、堤長145・5mという規模の豊稔池ダムは、マルチプルアーチ式と呼ばれる珍しい形式が採用されている。平面的に見ると、アーチを連続させて水が溜まる上流側に向け、水圧を受ける形である。アーチとアーチの接合部には、バットレス（控え壁）が設けられている。下流側からバットレスを見ると、その連続して並ぶ姿は城壁のようで、目をひくおもしろい形である。主要構造部は、コンクリートブロックと間知石《けんち》を外側に積み、これを型枠としたコンクリート造の溜池堰堤である。このため外観は、切石積みのように見える。

このほか、ダムに溜まる水を下流の井関池に流す方法にも工夫がある。下流側のバットレスの上方には、洪水吐《こうずいばき》と呼ばれる穴が開いている。一方、水の溜まる上流側の下部にも、穴があけられている。上流側と下流側にあけられた2つの穴は、樋管によってつながれている。下流側の穴より高い位置まで上流側の水位が上がると、サイフォンの原理によって、下流側の穴から水が吐き出される仕組みである。その結果、水はダム本体から離れたところに落ちる。これは、構造物の本体をなるべく傷めないようにする工夫でもある。

なお、洪水吐から水を出してもさらにあふれる場合には、アーチの頂部から滝のように水が流れ落ちるよう設計されている。

歴史的価値を活かす工夫

経年の漏水等の傷みの改善や現在の安全基準を満たすために、昭和63年度から平成6年度にかけて、ダムの改修事業と周辺整備事業が行われた。改修事業では、この施設が歴史的な価値のある土木構造物であるという認識のもとに計画が立てられて、工事が実施された。つまり、近代土木遺産の保存を図った早期の事例のひとつといえる。改修工事における歴史的価値に対する配慮を見てみよう。

アーチの構造体はコンクリートで厚みを増す構造補強が行われたが、頂部から5mの高さまでは石積みの形のまま残している。これは、アーチの壁を厚くすると、構造物の持つ美しさが失われるので、水面から上の部分の美観を維持するための配慮である。

下流側では、バットレスの足下まわりに鉄筋コンクリートによる構造補強が行われている。また、構造補強とあわせて、公園整備が行われた。この整備によって、訪問者はダムのすぐ近くまで行くことができるようになった。これは、粋なはからいである。

公園内には、改修工事で交換された、もとの土砂吐樋門や樋管が保存展示されている。これも、土木構造物の歴史的価値に注目した公園整備のひとつといえよう。

人々を魅了する「ゆるぬき」

このダムでは、毎年1回、梅雨明けの時期にイベントが行われる。梅雨時になるとダムの上流側には、水が多く溜まる。そして梅雨明けになると、下流の井関池の貯水量調整のため、その水を洪水吐から吐き出して放水する必要がある。この放水行為こそ、イベントの実態である。洪水吐から水が勢いよく飛び出す風景は、なかなか迫力がある。溜池の水を抜く行為を地元の人々は「ゆるぬき」と呼ぶが、なかでも豊稔池のゆるぬきは親しまれており、それを見ようと、毎年多くの人々がこのダムを訪れている。水が溜まる量は年ごとに違うので、当然、放水量にも差がある。このため、見学者は毎年異なる風景が見られる。イベントが一過性のものにならず、多数のリピーターが訪れる理由はそこにある。

上流部の豊稔池に水があふれんばかりになる姿というのも、普段なかなか見ることができない貴重なアングルである。上流部の水が少ないと、少し無粋な改修による構造補強の跡が顔を見せてしまう。

豊稔池を維持するための管理行為でさえ、一般の人々にとっては十分に見応えがあり、かつ興味深いものなのである。

上流側に連続するアーチ部

下流に整備された公園

奥に見えるツツジの植わる堤が井関池。豊稔池から引き込まれた水が田畑を潤す

愛媛県

国内最古の道路可動橋

長浜大橋

可動部分が跳ね上げられた状態。現在は船を通すためではなく、定時に上げられているイベント的なもの

可動橋をご存じだろうか。読んで字のごとく、動く橋のことである。長浜大橋は、この可動橋のひとつである。橋の一部をエレベータのように昇降させることで船を通す昇開橋には筑後川昇開橋（国重要文化財）、中央の橋脚を軸に回転する旋開橋には天橋立小天橋、道路の中央を境に両側を跳ね上げる跳開橋には勝鬨《かちどき》橋（国重要文化財）がある。ここで紹介する長浜大橋は跳開橋の一種で、現役の道路可動橋としては国内最古とされる。地元では、「赤橋」と呼ばれ親しまれている。

起工は昭和7（1932）年、竣工は昭和10年8月である。橋梁の計画と工事監督は、愛媛県技師の武田良一で、設計は増田淳が手掛けた。増田は、橋梁技術者として広く知られており、宮崎県の美々津《みみつ》橋など全国で橋の設計に携わった人物である。

長浜大橋は鋼製で、固定部はポニーワーレントラス桁、跳開部の桁は下路プレートガーターである。橋の長さは232・3m、幅員は6・6mで、跳開の可動部は18mの長さがある。特徴はその跳開の方法で、橋桁を持ち上げて回転するために常に重心を後方に置く必要があるので、橋上の後方が分厚く、先端が細くなっている。約54t（トン）の重さがある可動部の桁をスムーズに動かすために、約82tの重さのカウンターウェイト（おもり）を載せている。

長浜大橋
所在地　愛媛県大洲市長浜町
建設年　1935年
【国重要文化財】

橋の上で不自然に存在感を示している、分厚い矩形の部分である。

建設当初から昭和30年代初めまでは船舶の往来も多く、橋の開閉係も大忙しだったとされるが、昭和30年代後半以降の舟運《しゅううん》の衰退とともに開閉することもほとんどなくなり、道路橋としてのみ使用されるようになっていった。現在は、点検や観光用にのみ開閉している。

この橋は肱《ひじ》川に架かっているが、10月から3月頃までの晴天時には、「肱川あらし」と呼ばれる冷たい霧をともなう強風が吹くことで知られている。この地域特有の気象現象は、運が良い人しか見られない冬の風物詩であり、赤橋は絶好の見学ポイントになる。橋の開閉する姿だけでなく、希少な現象を見る場としても楽しんでもらいたい。

また、肱川には「ナゲ」と呼ばれる近世の石積みの水制が残っている。特に、大洲城周辺でその姿を目にすることができるので、あわせて見ておきたい。

北西側にはバイパスの新長浜大橋があるが、この橋は住民にとって今も大切な生活道である。上に見える塊がカウンターウェイト

西側より見た全景

愛媛で活躍する岡崎直司が発見し、世に広めたタンボ。現在でもひっそりと水田の片隅にある

島の水田を潤す野井戸群

タンボ

タンボ（大三島の野井戸）
所在地　愛媛県今治市大三島町
建設年　明治後期頃から

農業のための水や肥料の確保は、戦後しばらくまで特に島嶼《とうしょ》部や半島、山間地や台地では苦労を強いられた。瀬戸内海に浮かぶ愛媛県の大三島は、島内に大きな川もなく、海岸に山が迫っているため、溜池も確保できない状況であった。そのためか、明治後期から昭和にかけては、ほとんどの水田に井戸があり、ハネツルベを使って水を汲んでいた。一般にこうした水田の井戸は野井戸と称されるが、大三島ではこれをタンボと呼んでいる。

大三島は昭和初期に柑橘栽培が盛んになったため、現在は果樹園のなかに40以上のタンボが群として現存する。ほとんどが地元で産出する花崗《かこう》岩を積み上げた乱積みで、平面は円形、内部の断面は徳利形になっている。かつては水を汲むためのハネツルベが必ず設置されていたが、現在は柱だけが残るものもある。断面が徳利形になっているのは、水を汲みやすくするための工夫で、縁を掘り込み足場が設けられたものもある。この足場の多くは1人用だが、なかには2人用の幅広のものもある。

タンボは、大三島の農業を支え近代化に貢献した貴重な遺構で、大規模な石積みのものが群として現存している風景は、この島の財産ともいえるだろう。また、大三島は近年、建築家の伊東豊雄が地域再生にかかわっていることで知られる。

この場所に立つと風の強さを実感する。
力強い石垣は、強風から暮らしを守っている

愛媛県

半島への海風を防ぐ 巨大な防御壁

野坂の石垣

野坂の石垣（佐田岬半島の石垣、石波止）
所在地　愛媛県西宇和郡伊方町
建設年　不詳

四国の西端、日本一細長いといわれる佐田《さだ》岬半島には、入江や沿岸に沿って40以上の集落があり、暮らしの必然から生み出された石造の土木施設が各地に点在する。

石造防波堤は文字通り波を遮り小さな漁港を形成する。例えば神崎後浜の石波止《ばと》は、自然の石を巧みに積み上げたもので、海水も波も石の隙間に湛えながら堅牢に立ち、上面にぴょこっと突き出た石がそのまま船をつなぐ船留石となる。陸路が険しいこの地では、昔から漁業のみならず、畑へ行くにも、平時の移動にも船が使われた。石波止が集落と海をつなぎ、地域間交流を生む重要なゲートとなってきた。

もうひとつ、この地域で暮らすうえで克服しなければならないのが、海から吹く強い潮風である。佐田岬漁港に近い野坂の石垣は総延長約１００ｍ、高さ約５ｍの巨大な石の防御壁である。少なくとも１５０年以上の歴史を誇ることがわかっているが、たびたび台風や暴風にあおられ、何度も築き直されて、平積みや矢羽根積みが混在する。

この地域の石は緑色片岩などの変成岩で、平たい石材が採れやすい。そこで形成される石垣群もおのずと独特の表情が出る。近年地元で石垣のパンフレット等もつくられ、その魅力が再評価されつつある。

高知県

室戸岬灯台

室戸岬灯台
所在地：高知県室戸市室戸岬町
見　学：一般公開日のみ
建設年：1899 年

旧吏員退息所（写真右）と灯台

日本最大級のレンズをそなえる白亜の灯台

台風シーズンになると必ず耳にする地名のひとつが室戸岬である。それだけ気象条件が過酷な土地で、明治32（1899）年4月1日から海を照らしているのが室戸岬灯台である。明治期のものとしては現存例が少ない鉄製の円形平面を持つ灯台で、高さは約15m、平均海面から光の中心までの高さは約155mある。土木学会の評価ではBランクだが、海上保安庁の指定する保存灯台としては、Aランク23例のひとつである。光源は石油が使用されていたが、大正6（1917）年12月に電化された。

灯台は、船舶の安全な航行を担う航路標識のひとつである。近世までは、石造の灯明台や木造の灯明堂が主流で、これらは近くを航行する漁船を対象としていたので規模が小さく、港の一部に建てられていた。幕末から大型の蒸気船が登場し、慶応

2（1866）年に安政条約の改訂協約として締結された「改税約書」で、外国船の安全な運航を補償することが謳われる。このなかで、灯台（灯明台）などの航路標識を設けることなどが求められている。その職務を任されたのがイギリス人技師のR・H・ブラントンで、明治元年に来日し、同9年に離日するまでの約8年間で二十数カ所の灯台を建設した。

室戸岬は、慶応3年に開港した神戸港や大阪・堺などから来る船舶と、東京湾から来る船舶の通り道となり、舟運交通の要衝ともいえる場所に位置する。ここには、同時期に建てられた旧吏員退息所も現存する。構造は石造平屋建てで、昭和57（1982）年に廃止された。

この灯台は、戦争遺跡でもある。戦争遺跡というのは、近代日本が経験した戦争における戦闘や事件の跡を残す遺構のことで、灯台は米軍機の攻撃対象にもなっていた。現在は、修復されているのでわかりにくいが、絆創膏《ばんそうこう》のような補修の跡があり、その多くが戦闘機に銃撃された跡だという。建築や土木に秘められたこうした史実に思いを馳せながら見学すると、また違った楽しみ方もできる。

高さ2.5ｍのレンズ。焦点距離は92㎝

太平洋を望む高知県の最南端に建つ

鉄筋コンクリート造の構造物でこれほどまでに
風景になじんでいる橋があるだろうか

高知県

自然と一体化した生活文化遺産

一斗俵沈下橋
所在地：高知県高岡郡四万十町一斗俵
(県道 19号線沿い)
建設年：1935年
【国登録有形文化財】

一《いっ》斗《と》俵《ひょう》沈下橋

沈下橋は、川の増水時に沈むことを前提に架けられた橋である。四国や九州に広く分布しているが、よく知られているのは、国の重要文化的景観にも選定された高知県の四万十川に架かる沈下橋群である。

その特徴は、水面に近い位置に橋桁を架け、手すりもなく、まっすぐに延びた姿にある。増水時には、水圧をかわせるよう橋桁の端部も面が取られている。

県内初の例は、昭和2（1927）年に架けられた柳原橋（現存せず）で、以降は広く普及し、現在も40以上の沈下橋がある。多くは、昭和30～40年代につくられたもので、鉄筋コンクリート造である。この流域で現存する最古のものは、昭和10年竣工の一斗俵沈下橋で、長さ61m、幅員2・5mである。

国内最古の例は、大分県杵築市の八坂川に明治45（1912）年に架けられた龍頭《りゅうず》橋である。石造の橋で、高知のものに比べてより水面に近く架けられ、水深の浅い川を勢いよく流れてきた水が、橋脚や河床の岩にあたって各所で水流を起こし、心地良いせせらぎを響かせる。よく見ると、この姿はかつての飛び石の延長のような姿でもあり、より橋化したものが四万十川周辺の沈下橋ともいえるだろう。

いずれの例も、豊かな緑に包まれた静かな場所にあるので、橋に腰かけて、足をぶらぶらさせながら鳥のさえずりに耳を傾けてみたくなる。

福岡県
佐賀県

石積みの細い堤が永遠と続くかのようである。赤く見えるのが筑後川昇開橋

筑後川の洪水を防ぎ
船舶航路を確保する

若津港導流堤

若津港導流堤（筑後川デ・レーケ堤）
所在地：福岡県大川市・柳川市、
佐賀県佐賀市
建設年：1890年
【選奨土木遺産（土木学会）】

若津港導流堤は、筑後川の下流域にある。河口付近から、若津港のある6・5㎞上流まで、水中を這うようにして築かれている。普段は水中に身を潜め、引き潮のときにだけ現れる石積みの構造物は一見の価値がある。

導流堤は、河口付近における土砂の堆積を防ぐために、川の中央部に川と並行に堤を築くことで川の流れを速めて、有明海の干満差によって生じる土砂を、堆積しにくくするという施設である。土砂の堆積を防ぐことで洪水を防止し、若津港までの安全な航路を確保できるというわけだ。

オランダ人土木技術者のヨハネス・デ・レーケによって計画され、内務省の技師・石黒五十二が設計し、明治20（1887）年起工、同23年竣工した。このため、「デ・レーケ堤」とも呼ばれる。ここでは、軟弱な地盤への基礎の対応として粗朶《そだ》沈床《ちんしょう》工法が用いられたといわれている。木の枝を束ねたものを格子状に組み、そこに石を詰め川に沈めて土台とする工法で、三国突堤でもオランダ人のエッセルとデ・レーケによって採用された。

同じ筑後川の少し上流には、重要文化財の可動橋・筑後川昇開橋（昭和10（1935）年竣工）があるので、あわせて見ておきたい。

南河内橋。側面はまさにレンズ断面を２つ並べたようである

福岡県

世界的にも貴重なレンティキュラー・トラス橋

南河内橋と河内貯水池堰堤

鉄の国産化が急務とされた明治期、鉄の製造に大きな貢献を果たしたのが明治34（1901）年2月に操業を開始する農商務省製鉄所（後の官営八幡製鐵所）である。ドイツ人技師・リュールマンの指導により、ドイツのグーテ・ホフヌンクス・ヒュッテ社（GHH）が同年に高炉を完成させた。

この鉄の製造に不可欠であったのが、大量の水である。第1次世界大戦によって鉄鋼需要が増加するなか、大正6（1917）年から開始された八幡製鐵所第3期拡張工事の一環として、工業用水確保のために河内貯水池堰堤を築いた。大正8年に着工し、昭和2（1927）年に完成したこの同社所有の工業用堰堤はコンクリート造の重力式で、表面はコンクリートの型枠を兼ねた切石で覆われている。堤長189m、堤高43・1mというその規模は、当時東洋一といわれた。

堰堤によって生じた河内貯水池には、鉄骨造の南河内橋が架かる。大正15年11月竣工の道路橋で、長さ133m、幅員3・6mの下路式鋼製一連レンティキュラー・トラス橋である。レンズが連続しているように見えることからレンズ・トラスともいわれる珍しい構造である。19世紀にヨーロッパやアメリカで普及した形式とされるが、日本にはこれを含めて過去に3例の記録があるのみで、現存するのは

南河内橋と河内貯水池堰堤
所在地：福岡県北九州市八幡東区
建設年：1926年、1927年
【国重要文化財】南河内橋
【選奨土木遺産（土木学会）】
河内（貯水池）堰堤及び南河内橋

この南河内橋のみである。

　堰堤や橋を含めた設計は、八幡製鐵所工務部土木課長の沼田尚徳によるものである。また、橋については沼田と同社の足立元二郎指導監督のもと、同社技手の西島三郎が担当したとされる。

　この場所には、この他にも堰堤の中央部にある取水塔、脇の高台に建つ管理事務所、中河内橋など、石で繊細に装飾された土木構造物や建築物が建ち、さながら石を表面仕上げに使うテーマパークの様相を呈している。

　市街から約5㎞ほどの地にあるので、北九州市を訪れた際には世界遺産に登録された官営八幡製鐵所施設（基本的には見学不可）だけでなく、ぜひこちらにも足を延ばしていただきたい。

河内堰堤の取水塔。石の仕上げが見事である

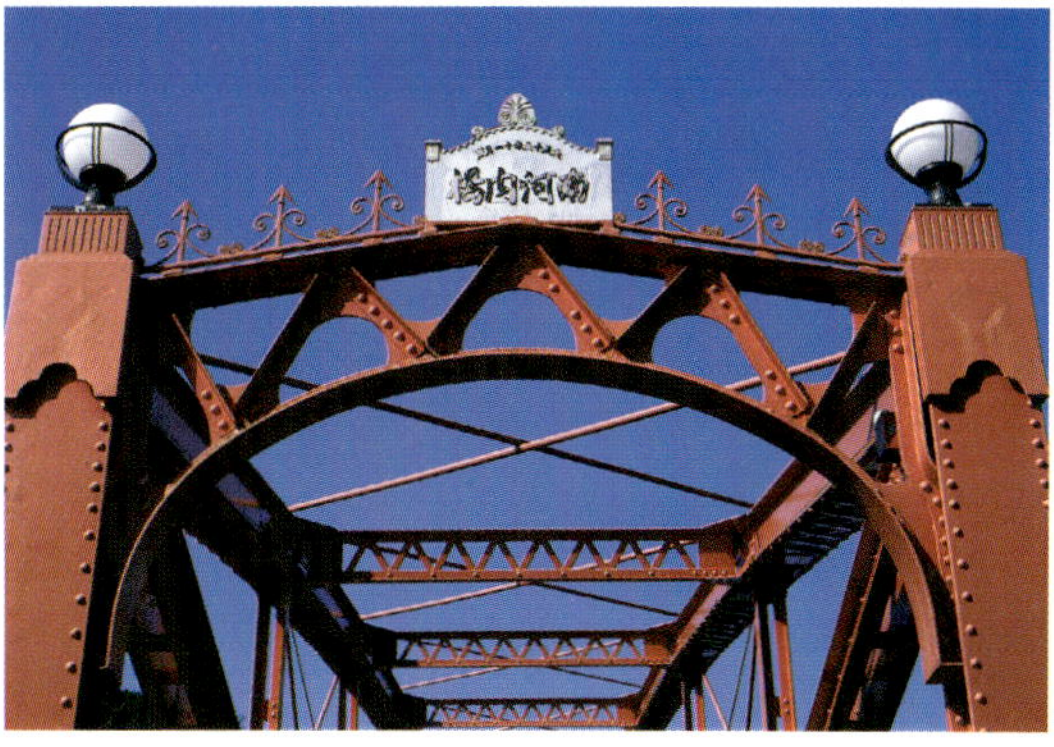
南河内橋の銘板プレートと装飾

幅80m超の水のカーテン。左岸端は階段状に変化し、右岸端は三次元曲面に水が流れる

大分県

類稀な水流美を誇る

白水溜池堰堤水利施設

白水溜池堰堤水利施設は、主堰堤を越流する水が、凝灰岩を積み上げゴツゴツとした表面を流れ落ちる際に白濁し、それによって白いレースをまとうように見える姿で知られている。その美しさをさらに引き立てているのは、その形状である。右岸は「武者返し」と呼ばれる3次曲面、左岸は半円錐状の階段とすることで、弱い地盤に伝わる水の力を分散させる構造上の工夫がなされている。これによって、主堰堤の堤上の曲面を越流する中央の流れ、緩やかに曲面を巻き込むように落ちてくる右岸の流れ、内側に向かって階段状に落ちる左岸の流れという3通りの流れが生じ、誰もがその美しさに感動させられる。

設計は、大分県の土木技手・小野安夫が手掛け、主たる構造はコンクリート造、一部を石造とした越流式重力ダムである。堤長約87m、堤高約14mの規模を持つ。右岸と左岸の2カ所から見学が可能で、右岸は土木学会の選奨土木遺産にも選定されている六連アーチの石積みの水路橋・明正井路《めいせいいろ》第1号幹線1号橋を抜けて行く。ただし、駐車場からは遠く、高低差のある道路を下る必要がある。全景を見学でき堰堤までの距離が近いのが左岸で、間近に美しい曲面状の側壁を見学できるのが右岸である。

この堰堤が、広く一般に知られることになったのは、平成18（2006）年に大分むぎ焼酎二階堂（二

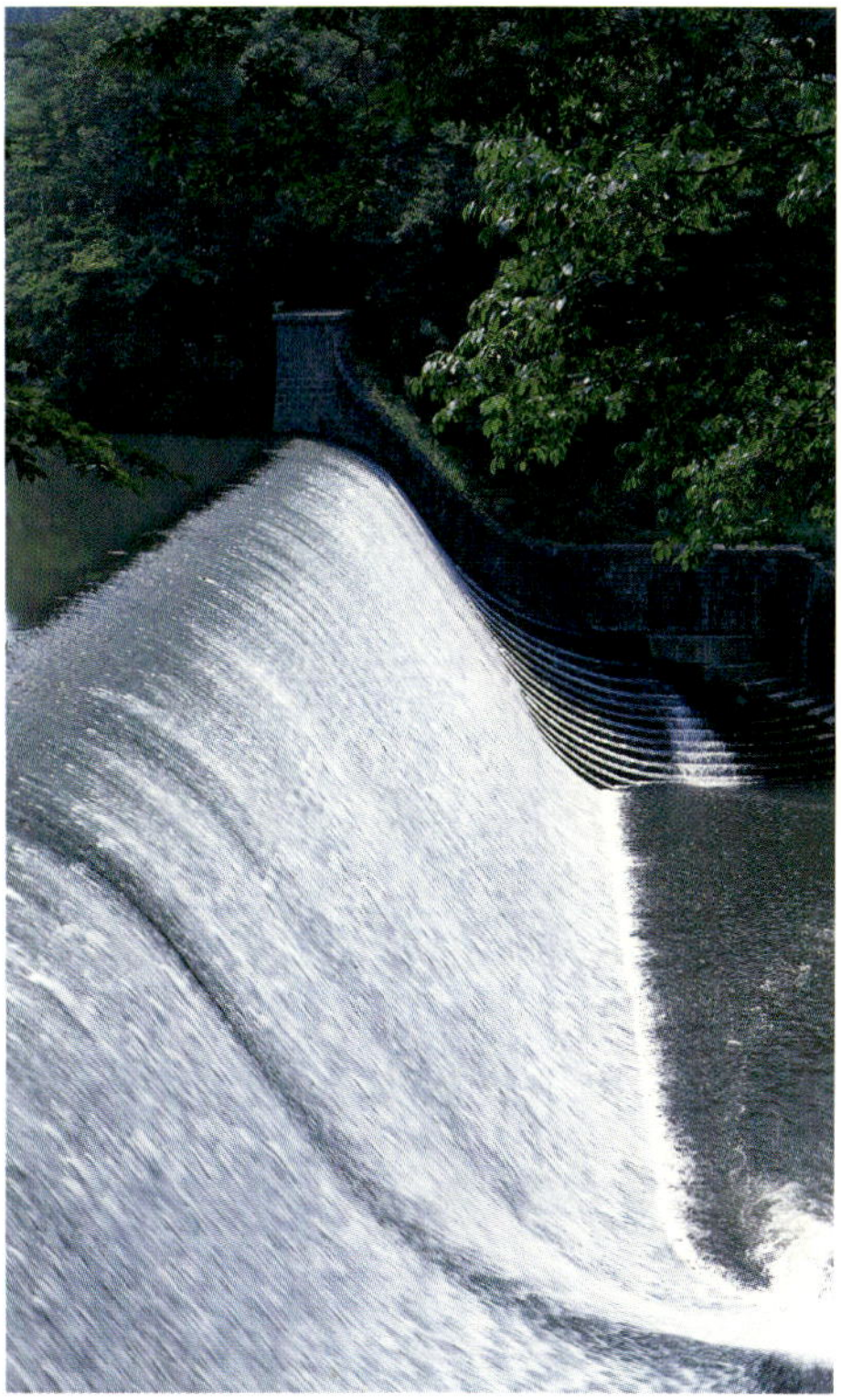

右岸から左岸を見る

音無井路円形分水。公平に分水されているのが一目瞭然である

白水溜池堰堤水利施設
所在地：大分県竹田市大字次倉、同萩町大字柏原
見学：可　　建設年：1938年
【国重要文化財】

階堂酒造）のテレビＣＭ「未知の力」編で登場したことにある。実は、このＣＭでは他にも土木遺産が取り上げられており、それが同市内にある音無井《おとなしい》路《ろ》円形分水《えんけいぶんすい》と若宮井《わかみやい》路《ろ》笹無《ささむ》田《た》石拱橋《せっこうきょう》（国登録有形文化財）である。

音無井路円形分水は、堰堤から比較的近い位置にある。円盤型の姿が特徴で、その役割は水を公平に地域に分配することにあり、昭和９（１９３４）年に完成した。この灌漑用水として敷かれた音無井路（水路）は、大正13（１９２４）年に上流に取水口が設置されたことで水不足となり、水の分配を巡って連日争いが起きたとされる。そこで、公平な水の分配ができるよう円形分水をつくり20カ所の四角い穴を開け、水が流れ出る外側の円を止水板で３つに区切って、３つの組合に対して公平な分水を行うことで争いを納めたという。

竹田市は温泉地としても有名で、ラムネ温泉館は建築探偵としても知られる建築史家の藤森照信の設計である。

水路際に生えた雑草がアクセントとなり、奥行きを感じさせる

長崎県

時代を越えて
大切に使われる水路

島原の武家屋敷水路

島原の武家屋敷水路
所在地：長崎県島原市下の丁
建設年：不詳

平成2（1990）年11月17日、雲仙・普《ふ》賢《げん》岳の噴火は火砕流を引き起こし、地域に甚大な被害を与えた。被災地のひとつである島原市は、湧水地として知られ、市中心部の至るところに湧水があり、用水路が巡っている。島原の水路は、武家屋敷跡にあるものがよく知られており、ここは景観法に基づく景観計画区域となっている。狭い道路の中央に島原石で築かれた水路が走り、両側には島原石で築かれた塀が続く。その距離は約400ｍで、飲用や防火用として使用されたという。

少し離れるが、同市天神元町の天満神社とその周辺の水路も見事である。この水路は、神社の脇を通り、道路へと流れている。江戸後期（寛政頃）に生活用水として湧水を4・5㎞引いたもので、安政5（1858）年から現在まで、切石が積まれた水路が使用されている。

隣の南島原市にある土石流被災家屋保存公園（道の駅みずなし本陣ふかえ横）は、平成4年8月8〜14日に起きた大規模な土石流で埋没した被災家屋11棟が、当時のままの状態で保存展示されている。このうち3棟は大型テント内で保存されている。

水は人々の生活を潤す一方、生活を脅かすこともある。自然とうまく付き合うことは大切だが、そう簡単ではないのもまた自明である。

宮崎県

鉄筋コンクリートで畳堤を築きながらも
畳で水害を防ぐというハイブリッドな発想

身近な畳で水の氾濫を防ぐ

五ヶ瀬川畳堤

五ヶ瀬川畳堤
所在地：宮崎県延岡市川中
建設年：大正末期～昭和初期
【選奨土木遺産（土木学会）】

川の氾濫を畳で防いだといわれる堤防がある。一見、川の欄干や手すりにしか見えない畳堤は、高さ約60㎝、幅30㎝の鉄筋コンクリート造で、欄干部分には幅7㎝、長さ176㎝の隙間が空いている。この隙間に、江戸間サイズで厚さ5㎝ほどの畳を挟み込む。増水時、この畳が水を含むと膨張して固定される仕組みである。

市内を流れる五ヶ瀬川は、市街地に入る手前で大瀬川と分流し、河口付近は2つの川に挟まれたデルタ地帯となっている。この付近は洪水が生じやすく、それを防ぐために堤が設けられた。現存するのは五ヶ瀬川沿いの畳堤のみである。かつては大瀬川沿いにもあり、総延長は約2㎞あったとされるが、現在は約半分となっている。五ヶ瀬川は、大正8（1919）年から昭和3（1928）年にかけて頻繁に水害に遭っており、昭和7年から同11年にかけて河川改修工事が行われている。畳堤が設置されたのは、この時であろう。古い畳を河川の洪水防御に使用することは他にもあったようで、五ヶ瀬川と使い方は異なるが昭和12年に大阪府が発行した河川愛護パンフレットでは、河川の堤防表面を保護する張筵工として古畳の使用に触れている。

現在、国土交通省と市民がともに手をとりあって、この畳堤の保存と活用を進めている。

熊本県

旧玉名干拓施設

石積み技法の野外歴史博物館

旧玉名干拓施設（末広間潮受堤防、明丑開潮受堤防、明豊開潮受堤防、大豊開潮受堤防、末広開東三枚戸樋門、末広開西三枚戸樋門、末広開二枚戸樋門）
所在地：熊本県玉名市大浜町、横島町
建設年：1893〜1902 年
【国重要文化財】

明丑開潮受（めいちゅうびらきしおうけ）堤防（海側）遠景。現在の海岸線はさらに海側にあることから、かつての海岸が農地のなかに石造の壁となって長く連なり現存している

農地を守る石積み

有明海の干拓施設は、菊池川が有明海に向かって注ぐ河口の左岸側にある。かつて干拓は、肥沃な農地を大量に供給し、地域の人々に多くの生活の糧をもたらしてきた。この干拓施設も、その建設によって肥沃な農地を登場させたが、その背景には近隣住民が私財を投じて建設を進めたという歴史がある。現在も、周辺一帯は、イチゴやトマトといった農作物の栽培が盛んに行われている肥沃な農地である。

施設の主たる部分は、長大な堤防と要所に開かれた樋門（堤防の下を通る水路）からなる。堤防は、浅瀬となった海浜部につくられる。この堤防が海からの潮水の侵入を防ぎ、堤防の内側に農地を生み、農地からの排水を可能にするため、樋門が要所に開かれる。

この施設では、石積みの堤防と樋門が大きな特徴となっている。台風等で農地内に潮水が侵入したり、構造物が決壊したりする被害を想定して設計されているが、これまで幾度となく大きな被害に遭遇し、その都度修理が行われ、石積みの仕様に変更の手が多数加えられてきた。例えば、堤防の高さがかさ上げされていたり、頂部に波返しが付加されていたりするなど、細部を見るとその様子がうかがえる。

幾度も繰り返された干拓

農地一帯は、幾度もの干拓の繰り返しによって、現在のように範囲が広がったという歴史がある。現在は玉名市に属すが、菊池川に沿った西側の一部を除くと、大部分の土地は旧横島町に属していた。旧横島町の町域は、ほとんどの部分が干拓によってできあがったといってよい。

旧横島町は、肥後藩主の加藤清正が慶長10（1605）年に干拓事業を開始したことに遡る。それ以来、近年まで47回におよぶ干拓事業を繰り返し、現在の町域ができあがった。特に江戸時代後期から明治中期までの間は集中して行われ、時期が下るほど干拓地の規模が広がる傾向を示す。

明治中期から昭和初期までは、施設の災害対策と補修に多大な努力が払われた。最

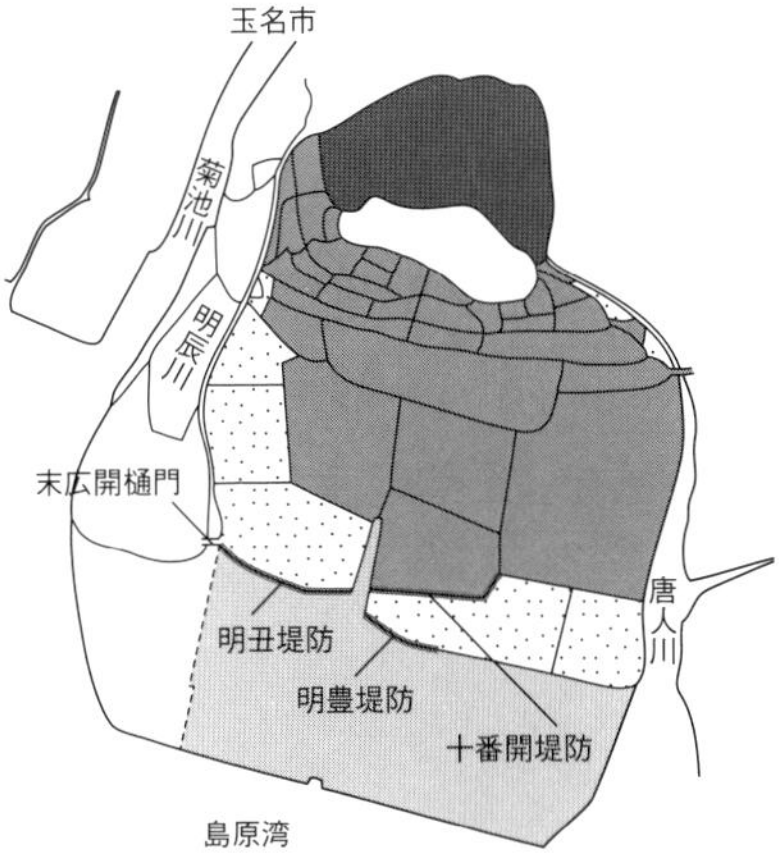

（濃灰）	1605年	加藤清正によって初めて干拓が行われた
（灰）	1633～1866年	加藤清正の事業は細川藩に、その後、側近の有吉家に引き継がれた
（点）	1873～1902年	明治時代には個人で干拓を行う者も出てきた
（淡灰）	1967年	国営で行われた干拓を最後にその後は行われていない

旧横島町（現玉名市）干拓のあゆみ
（参考：『玉名市の干拓遺産』玉名市教育委員会、『熊本県の近代化遺産：近代化遺産総合調査』熊本県教育委員会、1999年）

後の干拓は、昭和42（1967）年に行われ、沿岸一帯に大規模な農地が誕生している。

　現在、横島町の北部にある小高い丘陵に町が整備した公園がある。ここに町内全体を見晴らすことのできる「干拓歴史広場」があり、そなえつけの町域を示した地図の番号をたどっていくと、干拓による土地造成の順序とその歴史を知ることができる。つまり、土木遺産への理解を促す教育的な配慮が十分になされているのである。

石積みに刻まれた災害と補修の歴史

　こうした教育的配慮の広がりとともに、堤防や樋門といった土木構造物自体に対する重要性も認識されるようになり、平成22（2010）年には「旧玉名干拓施設」として堤防4基、樋門3基が国の重要文化財に指定された。

　江戸時代後期から明治中期にかけて、次第に大規模な干拓が可能になったのは、構造物を構築する技術の発達に裏付けられている。それを石積みの技術の発達と言い換えてもよいだろう。場所によって異なる石積みの方法を見ると、その差異によって土地が造成された時代の違いを読み取ることができる。施設に加わった被害や補修の歴史も、時代による石積みの形態や仕様の違いとして表れている。

　この施設には、各時代の石積みの技法が各種残されており、その技法の弱点や時代ごとの改良点等も知ることができる。いわば、石積み技法の野外歴史博物館である。

遺産を活かした風景をより愉しむ

　現在、海側に干拓地が広がったことにともない、かつての堤防は農地の擁壁のような形で残されている。また、堤防の前には農業用水路が通っている。このため、農道に沿って石積みの側壁が延々と続く特徴的な風景が見られる。

　旧横島町では、特産品のイチゴにちなんで毎年「いちごマラソン」を開催している。このコースと石積みの壁が続く農道を関連付けて、土木遺産を活用するのもひとつの手である。場所によって石の積み方が変わる風景は、ランナーの目にもきっと愉しく映るだろう。

明丑開潮受堤防。明治26（1893）年の築造。大正3（1914）年の被災後にかさ上げし、昭和2年の被災後にはコンクリート製の波返しを設けた

末広開東三枚戸樋門（中央）と末広開西三枚戸樋門（左奥）。末広開は明治 28 年に造成された干拓地。
写真手前の湿地が海側で、堤防の奥がその年の造成で陸地となった土地である

末広開二枚戸樋門。昭和 2 年の水害後に復旧が行われたもの

地下ダム資料館にある止水壁。
止水壁の天端からの越流量を観測する

川がない島で
安定した水の供給

宮古島の地下ダム

日本一美しい海ともいわれる宮古ブルーの絶景。この宮古島には川がなく、農作物のための水を確保するのが難しい時代が長らく続いていた。その不安定な状況を解決したのが地下ダムである。地下水を止水壁で堰《せ》き止めて、その水を農地の灌漑用水として使用するというものであり、この止水壁が地下水の海への流出、海水の地下水への浸入を防いでいる。島はサンゴ礁の隆起で生じており、地層が琉球石灰岩で形成されているため、降った雨の多くが土壌面から浸透し、地下水となって海に流出していたが、地下ダムによってその水を堰き止めたというわけである。

ダム建設の契機となったのは昭和46（1971）年の大干ばつとされる。昭和49年には調査を実施し、同52〜53年、実験用に皆福地下ダムを建設する。平成5（1993）年には大規模な砂川地下ダムが完成し、昭和62年から平成10年にかけて、さらにひとまわり大きな福里地下ダムの建設が行われた。

地下ダムによって農業は安定し、特産のマンゴーやさとうきび、葉たばこの安定的な供給が可能となったという。

宮古島は、台風の通り道でもあり、昭和34年の宮古島台風で甚大な被害を受けてからは、島民が「スラブ」と呼ぶ鉄筋コンクリート造の平屋建て住宅が

宮古島の地下ダム
（皆福地下ダム、砂川地下ダム、福里地下ダム）
所在地：宮古島市城辺

主流となった。興味深いのは、宮古島に近い来間島《くりま》などに見られるたばこ乾燥小屋である。たばこ乾燥小屋といえば、採光や煙抜きのために越屋根のある木造の建物を想像するかもしれない。しかし、この島のたばこ乾燥小屋は木造ではなく、鉄筋コンクリート造である。気候風土に対応した建築の姿を発見するのも、旅のおもしろさのひとつである。

さとうきびを原料にする製糖工場は、宮古島内にいくつかある。宮古製糖城辺工場や伊良部工場手前には広い敷地があり、季節になるとダンプカーで運ばれてきたさとうきびで埋め尽くされ、あたかもさとうきびの山脈のような様相を呈する。

宮古島は、海がとてもきれいな島である。ここでのんびり休んでしまうと、帰りたくなくなってしまう。そんな風に私たちの心を豊かにしてくれる島である。

皆福地下ダム公園にある地下ダム軸跡（止水壁の中心線）を示す石畳

豊かに育った葉たばこの間をゆっくりと進む収穫の作業車

沖縄県

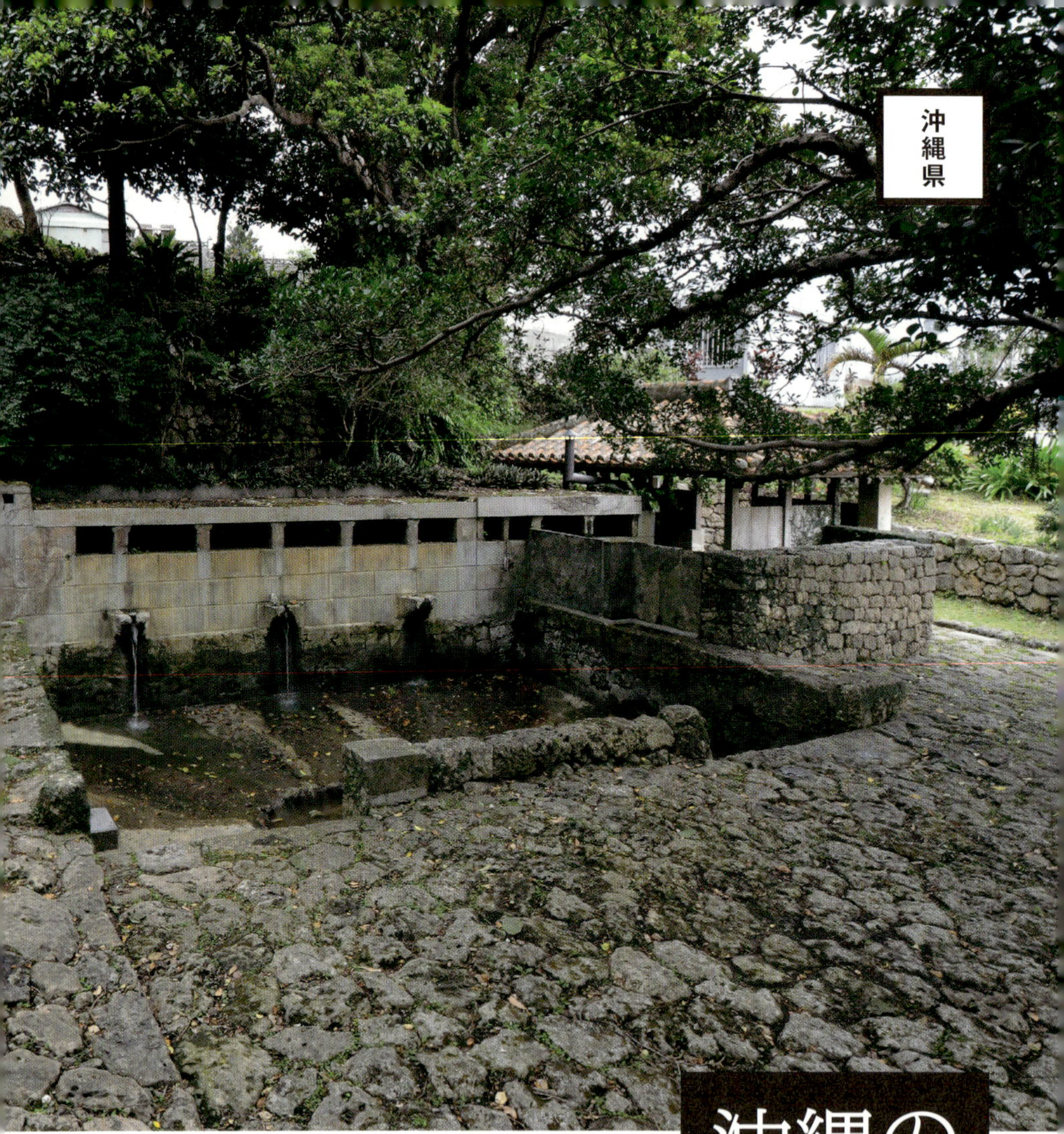

沖縄の石造用水施設

自然の恵みや脅威を人々に語る

形を表す「ヒージャーガー」

石灰岩や珊瑚《さんご》石でつくられた石垣や用水施設は、沖縄の伝統的な土木遺産を代表するもののひとつである。地元では用水施設のことを、「ヒージャー」「ガー」「ヒージャーガー」等の名で呼ぶが、これに漢字をあてると、「ヒー」は樋、「ジャー」は川、「ガー」は井（泉）となる。この語が用水施設の形状を表している。

大半の施設は、まったく人工的につくられたものではなく、伏流水《ふくりゅうすい》が流れ、かつその水が溜まる天然の岩盤上のような自然の良好地を選び、石垣等の構造物を付加する形でつくられている。このため、急傾斜地を背後に持つ裾状の地にあり、進入路として、傾斜地上方から降りる階段がつくられていることが多い。

水が溜まる部分は、石垣を組んだり掘り込んだりして、水がより多く溜まるように工夫されている。大規模な施設では、男女別の水溜りがあり、洗濯、野菜洗い、水浴び等の機能に応じて使い分けられている。この水溜りが「ガー」である。石段を降りた場所に井戸があるので「ウリ（降り）ガー」と呼ばれることもある。

伏流水が流れる水路にも石垣が組まれ、水溜りに流れ込みやすいようになっている。そして、水溜りに流れ込む部分には、水吐き口となる穴を開けた石垣が積まれ、穴には樋《とい》の役割を担う石（樋口）を置くことが多い。この水の流れる水路が「ジャー」で、樋口が「ヒー」ということになる。

仲村渠樋川（南城市）

沖縄の石造用水施設（仲村渠樋川、喜友名泉、潮平ガー、森の川、我如古ヒージャーガーほか）
所在地：沖縄県各地
【国重要文化財】仲村渠樋川、喜友名泉
【国登録有形文化財】潮平ガー
【県指定文化財（沖縄県）】森の川
【市指定文化財（宜野湾市）】我如古ヒージャーガー

森の川（宜野湾市）。現在は公園のなかで保存されている

喜友名泉（宜野湾市）。男用の水溜りは飲料・洗濯等に、女用の水溜りは家畜の水浴びや洗浄等に用いられた

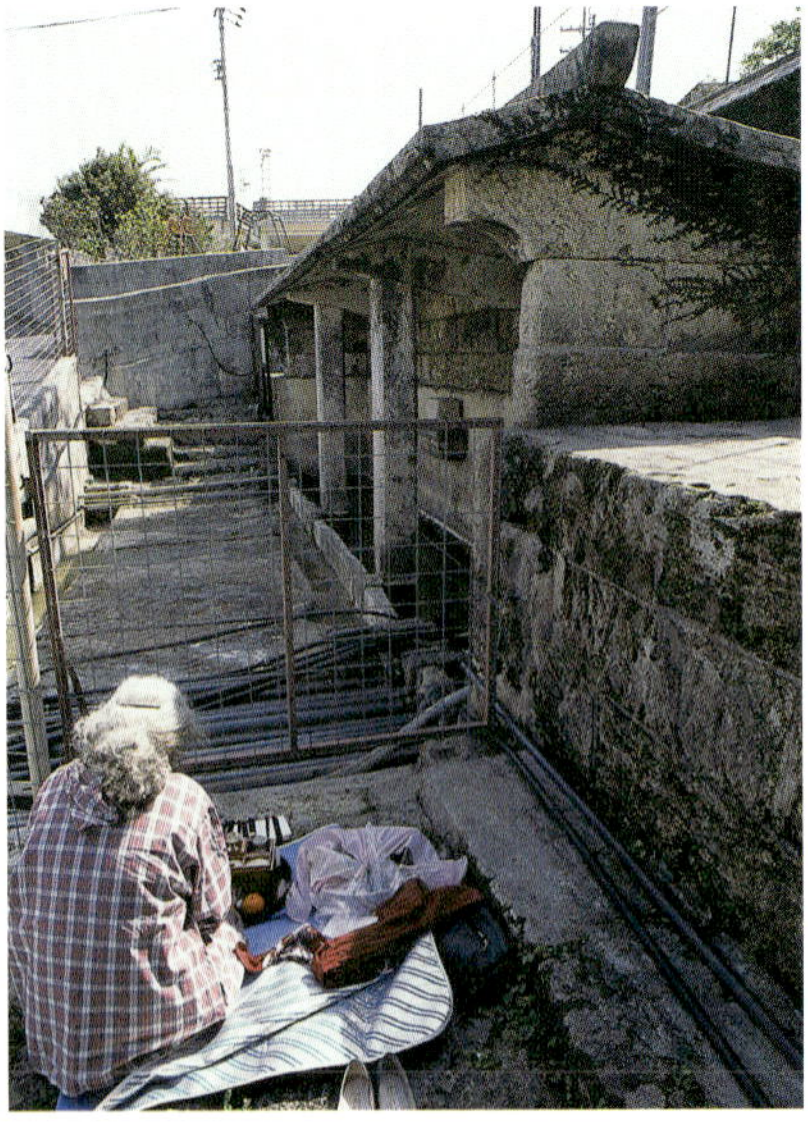

潮平ガー（糸満市）に参拝に訪れる人。古くから用水施設は信仰の対象となっている

沖縄県内の主な石造用水施設

信仰対象として

沖縄の用水施設の存在が広く知られた要因のひとつには、平成2（1990）年度に沖縄県が実施した県内の伝統的な信仰にかかわる施設の建造物の調査がある。沖縄では古くから、用水施設は信仰の対象になっており、その多くは国や地方の文化財となっているのである。

沖縄県は、台風の通り道ということもあり降雨量が多い。けれども、大半の地盤が岩盤であるため、水は地中に浸透せず流れ出てしまう。したがって、用水の確保は重要な問題である。土木技術が未発達の時代には、伏流水が常時流れる場所や水が溜まる場所は、貴重な水源地であり、信仰の対象にもなっていたのである。

現在でも、それが用水施設として利用されているだけでなく、信仰の対象であることが見てとれる。例えば、石造の祠《ほこら》を祀《まつ》る等、信仰の対象となる場所が、水溜りや石段等とは別につくられていることが多い。そこにしばらく滞在していると、それを拝みに来る人を見かけることもある。

用水施設にみる近代

これら用水施設の多くが、明治以降の近代につくられている。構造物の細部を見ると、時代が下るほど、近代的な工夫や変化が加えられていることがうかがえる。それは、人工的に水を制御しようという考え方によるものである。

水源確保のために水を効率的に溜めるだけであれば、水溜りである「ガー」の部分だけを充実させればよい。実際に、用水施設のなかでも建設年代が明治より前に遡ると推定されるものは、井戸部分の石垣だけが発達していることが多い。

これに対して、近代的な用水施設では、「ガー」と「ヒージャー」を巧みに組み合わせて、樋口から水が流れる姿や、水が水溜りに貯えられる様子を巧みに演出しようとする姿勢がうかがえる。それは建設年代が下るほどに明確になる。

県内各所の近代的用水施設

喜友名泉《ちゅんなーがー》は、水路の出口に吐き口をつくった石垣を積むだけの比較的簡単な演出である。この石垣は、石造の香炉に刻まれた銘から明治22（1889）年に新たに積まれたものと推定される。つまり、それ以前からあった水溜りに、明治になって人工的な演出が加えられたものと推定される。

明治25年に現状の姿になった我如古《がねこ》ヒージャーガーになると、水吐き口が高い位置になり、そこに樋口が取り付けられている。このため、喜友名泉と比較すると、水に対する演出がより人工的になっている。

森の川は、喜友名泉と我如古ヒージャーガー、この2つを組み合わせたような形式である。1725年には石垣が築かれたという記録があるが、現状の形式から見て、近代に入って改修されたと推定される。

大正元（1912）年に現状の形になった仲村渠《なかんだかり》樋川では、吐き口のある石垣は見られない。そのかわりに人工的な石造の水槽がつくられ、水槽の高い位置に樋口がある。このため、伏流水がどの位置から流れてきているのかわからず、まるで水が水槽から供給されているかのように演出されている。

大正末年に現状のようになった潮平《すんじゃ》ガーの構造は、仲村渠樋川とほぼ同じである。ただし、水槽部分に屋根がつくられるなど、より意匠的になっている。

自然との調和

近年の土木構造物は、法面や水辺等に植物が育成されるように配慮するなど、自然に馴染んでみえるようにするための様々な工夫が考案されている。これは、自然の水源地に対して人工的に演出を加えようとした沖縄の用水施設とは対照的である。

現代の施設と安易に比較するつもりはないが、自然の恵みや脅威を人々に語る土木構造物の役割や、自然物との調和をいかに図るのかを知るうえで、沖縄の石造用水施設に学ぶ点はたくさんあるように思われる。

垣花（かきのはな）ヒージャー（南城市）。伏流水が流れる部分に樋口をつくり、周囲を石垣で囲んだ水溜り。近代以前から存在した伝統的な形態

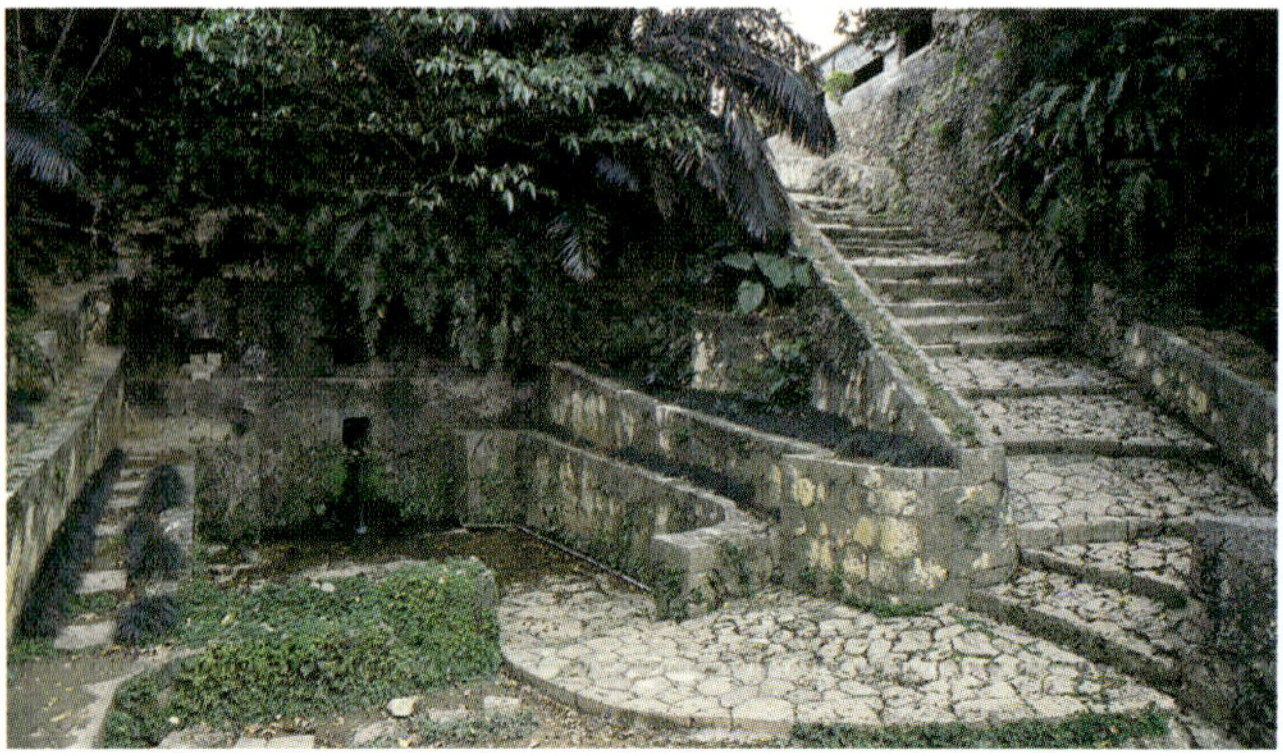

我如古ヒージャーガー（宜野湾市）。傾斜地を降りる階段

沖縄県

魚垣は「未来に残したい漁業漁村の歴史文化財産百選（全国漁港漁場協会）」にも選定されている

未来に残したい魚を獲るための工夫

魚《か》垣《つ》

魚垣
所在地：沖縄県宮古島市下地島（佐和田の浜）
建設年：不詳
【市指定有形民俗文化財（宮古島市）】

魚垣は、見た目は袋澗《ふくろま》（21頁）に似ているが役割は異なり、魚を獲るための仕掛けである。「ながき」とも呼ばれる。長崎県の島原市、雲仙市、沖縄県の石垣島や宮古島、小浜島などの海では、石積みの仕掛けをし、潮の満ち引きを利用して魚を獲る石干見《いしひび》と呼ばれる漁法が古い時代から行われてきた。国内で唯一、現役で使用されているのが下地島にある魚垣である。

この魚垣は、明和8（1771）年の大津波以降に生じたものとされており、現在も、不定期ではあるが体験学習などに利用されている。

一般的な石干見とは、遠浅の海に石を積んで囲んだ場所をつくり、潮が引いたときに取り残された魚をすくって獲る。これに対して下地島の魚垣は、その先端に石積みが細く並行する流路があり、そこにカツ網を設置して魚を獲る。流路の上に座って、カツ網を手に持ち魚を待つ。その規模は、幅約60〜80㎝、長さは右側約300ｍ、左側60ｍ、流路の先端部の幅は約30㎝、直線部分の長さは約2・8ｍである。

宮古島の海、とりわけ下地島の海は美しい。その海を見るだけでも一見の価値があるが、魚垣にも目を向けていただきたい。まずは知ることが、将来まで残すための維持管理につながる第一歩になる。

コラム

土木を「知る、親しむ、楽しむ、学ぶ」

緒方英樹

古来より土木は、天変地異の災害等から人々の暮らしを守り、社会資本の基盤をつくって人々の暮らしを豊かなものにする経験と技術、人材を積み重ねてきた。ところが、一般市民や社会、特に若年層から土木の役割や価値が正しく理解されているとは言いがたい。では、伝わらないままでいたら、どのような影響が出てくるのだろうか。

土木の衰退は、市民生活の危機でもある、ということのイメージをいかに喚起させるか。例えば、蓄積した土木技術と人材の枯渇が与える影響として、産業基盤（道路、橋、港湾など）、生活基盤（住宅、学校、公園、上下水道など）など老朽化した社会資本の維持・管理・補修の停滞、さらには国土保全（治山・治水など）の膠《こう》着、地域建設業の不振による地域防災の脆弱化など市民生活の土台を揺るがす状況が深刻化している。一方、サン＝テグジュペリ『星の王子さま』にもあるように「大切なことは目に見えにくい」。ふつうの暮らしを支えている土木の仕事は、空気のように当たり前で人々の目に見えにくいが、それらが滞ると、たちどころにふつうの暮らしができなくなる、という当たり前のことを一般社会にどう伝えていくかが土木広報の眼目だ。

ところが、教師や生徒をフォローする教材や資料、情報が不足している。そうした課題を内包させた学習現場へのアプローチが、筆者らが手掛けた『土木の絵本』全5巻や教育アニメ映像『私たちの暮らしと土木』である。それらの目的は、若年層からの土木リテラシー（基本的素養）促進にある。自然や地域住民と向き合って対応してきた先人の考え方や工夫を知り、土木本来の持つ志や役割を理解して、現在や未来の社会発展に活かしてほしいと意図した。それは、小学校学習指導要領・社会の目標・内容にある「自分たちの生活の歴史的背景、わが国の歴史や先人の働きについて理解と関心を深めるようにする」と呼応する。それらの試みは、さらに劇場版アニメーション映画への取り組みにつながった。絵本の5巻目で取りあげた

八田與一が手掛けた台湾の烏山頭ダム（昭和5年竣工）

土木技術者・八田與一を題材にした長編アニメ映画『パッテンライ！　南の島の水ものがたり』である。

そして、土木が世間の人とつながるには、言葉を尽くすよりも、暮らしに身近な土木構造物や施設、歴史的土木資産などを媒体（橋渡し）にして、知る、親しむ、楽しむ、学ぶことで共感から理解につながると考える。その題材は大なり小なり日本全国に土木遺産や稼働中の建設現場にある。その活用事例として、土木学会とＮＨＫ文化センター連携による「土木遺産を訪ねて」では、土木とは縁のなかった多くの市民が古地図を片手に歴史的構造物や土木施設を歩くツアーとして平成24（2012）年から継続中である。さらに、普段は接する機会の少ない整備中の道路やトンネルなどを親子で見学して、その細部や背景から社会とのかかわりまで学ぶ現場見学ツアー、毎年の台湾土木遺産視察研修などがマスコミでも紹介された。

先人たちの恩恵の上に私たちの幸せが築かれ、いまも私たちの生活を守り続けている土木の役割があることを地道に継続して伝えていきたい。

「土木遺産を訪ねて」ウォーキングツアー

『土木の絵本』全5巻（全国建設研修センター）

アニメ映画『パッテンライ！ 南の島の水ものがたり』（平成20年放映）ポスター

執筆担当

緒方英樹（土木学会土木広報センター社会インフラ解説グループ長）　148
後藤　治　16～20、24～27、34～37、46～57、62～69、76～81、84～95、100～107、110～121、136～139、142～146、156
澤田浩和　24～27、50～53、62～65、88～95、114～117
髙嶋賢二（伊方町町見郷土館学芸員）　125
坪岡　始（標茶町郷土館学芸係長）　22
二村　悟　21、23、28～33、38～49、58～61、66～77、82～87、96～99、108～113、122～124、126～135、140、147、154

初出一覧

本書の一部は、全国建設研修センター発行『国づくりと研修』の記事を加筆・修正のうえ掲載した。

「近代土木遺産の保存と活用」第1~9回(91~99号、2001~2003年)
「土木遺産の保存活用を支える伝統技術」②(102号、2003年)、⑧(109号、2005年)、⑪~⑭(112~115号、2006~2007年)
「日本の原風景 活きつづける農業土木遺産」②(118号、2007年)、⑥(122号、2008年)、⑫(128号、2011年)、⑬(129号、2012年)

参考文献

蒲孚「日川砂防工事」『土木学会誌』第8巻第5号、1922年10月

帝国森林会『帝国林業綜覧』1925年

大日本水産会『水産宝典』1925年

中川吉造「横利根閘門に就て」『土木学会誌』第12巻第3号、1926年6月

「西広総合調査報告書」千葉県教育委員会、1977年

「阿知須町史」阿知須町、1981年

玉井哲雄『江戸：失われた都市空間を読む』平凡社、1986年

『北の鉄路：士幌線の63年』帯広市・音更町・士幌町・上士幌町、1987年

佐藤俊郎・中村好男・森友利行『西広板羽目堰の構築技術と機能の保存』農業土木学会誌59(No.12)、1991年

「沖縄県の信仰に関する建造物」『近世社寺建築緊急調査報告書』沖縄県文化財調査報告書第104集、沖縄県教育委員会、1991年

『富士養鱒場六十年の歩み』静岡県水産試験場富士養鱒場、1993年

『鉄道林：鉄道林100周年記念写真集』東日本旅客鉄道、1993年

『建築大辞典 第2版』彰国社、1993年

長野博『豊稔池の築造 豊稔池改修事業竣工記念碑』豊稔池土地改良区、1994年

土木学会編『人は何を築いてきたか：日本土木史探訪』山海堂、1995年

文化庁歴史的建造物調査研究会編著『建物の見方・しらべ方 近代土木遺産の保存と活用』ぎょうせい、1998年

宮田公平『最新河川工学 改訂版』理工図書、1999年

土木図解事典編集委員会編著『土木図解事典』彰国社、1999年

伊東孝『日本の近代化遺産：新しい文化財と地域の活性化』岩波書店、2000年

市古太郎・伊東孝「鞆の浦における歴史的港湾施設の土木遺産的評価に関する研究」土木学会第55回年次学術講演会、2000年9月

山下亨「大雪山系に人々の英知でよみがえった旧士幌線コンクリートアーチ橋梁群」『建設マネジメント技術』2001年

『宮城県の近代化遺産』宮城県教育委員会、２００２年
伊東孝他『水辺の土木：とっておきの風景』ＩＮＡＸ出版、２００３年
国土交通省九州地方整備局延岡河川国道事務所、北町区、五ヶ瀬川の畳堤を守る会企画編集『畳で街を守る：それは地域と行政の新たな取り組みだった』国土交通省九州地方整備局延岡河川国道事務所、２００３年
田村善次郎、ＴＥＭ研究所『棚田の謎：千枚田はどうしてできたのか』ＯＭ出版、２００３年
土木学会土木史研究委員会編『日本の近代土木遺産：現存する重要な土木構造物２８００選』土木学会、２００５年
『阿知須町制65周年記念誌 あじすの記憶』阿知須町、２００５年
石田正治『三遠南信産業遺産』春夏秋冬叢書、２００６年
北河大次郎・後藤治編著『図説 日本の近代化遺産』河出書房新社、２００７年
『長野県の近代化遺産：長野県近代化遺産（建造物等）総合調査報告書』長野県教育委員会、２００９年
建設コンサルタンツ協会「Consultant」編集部編『土木遺産：世紀を越えて生きる叡智の結晶』ダイヤモンド社、２０１０年
「玉名市干拓関連施設調査報告書」玉名市教育委員会、２０１１年３月
土木学会編『日本の土木遺産：近代化を支えた技術を見に行く』講談社、２０１２年
えひめ地域政策研究センター編『愛媛県の近代化遺産：近代化えひめ歴史遺産総合調査報告書』愛媛県教育委員会文化財保護課、２０１３年
二村悟著、小野吉彦写真『日本の産業遺産図鑑』平凡社、２０１４年
二村悟監修『ニッポン産業遺産の旅：太陽の地図帖』平凡社、２０１５年
二村悟監修「ニッポン産業遺産の旅」『ノジュール』２０１５年７月号
国土交通省水管理・国土保全局 河川環境課「平成26年全国一級河川の水質現況」２０１５年７月
後藤治「近現代建築の文化財としての保護に向けて 『建築上』と『歴史上』の価値」『日本の戦後建築への新たな評価軸：主に「技術」の視点から』日本建築学会建築歴史・意匠委員会、２０１５年９月
「国指定文化財等データベース」文化庁ウェブサイト

編集後記

小野吉彦×二村悟

小野　今回の本のきっかけは、全国建設研修センターの広報部が、同センターに講師として来ていた後藤治先生に、機関誌『国づくりと研修』での連載執筆を依頼したことに始まります。

　後藤先生が文化庁に在籍していた1997年、私は写真家の三沢博昭さんを介して先生と知り合っていたので、2001年、連載が始まる際に声をかけてくれました。

二村　私は、後藤先生を介して2007年に小野さんと出会いました。その年に同誌の新たな連載を担当することになり、静岡の実家付近で行われているサツマイモ栽培や砂の飛散防止対策の取材でご一緒したのが最初です。連載は2012年で終えましたが、小野さんと一緒に仕事を始めて、今年で10年ですね。

小野　その間、一緒に色々と取材に行きました。思い出に残っているのは、2008年に後藤先生と3人で取材に行った石川県珠洲市の製塩施設です。

二村　連載で取り上げた農業仮設物は、『食と建築土木』（LIXIL出版）として出版され、辻静雄食文化賞をいただきました。一方、本書は連載で紹介した遺産のなかでも、水をテーマにした土木や建築をまとめたものになります。小野さんが、どうしても連載を本にまとめたいと……。そこで、2人で彰国社の神中智子さんに相談しに行きました。

小野　やっぱりまとめたいですよね。形に残したい。今回のテーマである水は、人間が生きていく、災害を防ぐという意味でも重要だと思っています。特に水道施設は、これまで取材を積み重ねてきた施設です。

二村　小野さんとは、新潟大学の黒野弘靖先生と一緒に訪れた11月の佐渡島で大雪に遭い、稚内空港に着陸できずに引き返し、羽田空港で機内に4時間閉じ込められた思い出もありますが、一番の思い出は、各地の人々との出会いです。これに勝るものはない。

　最近の取材で気になったもののなかで、今回取り上げられなかった水の施設は、2016年1月27日に訪れた昭和初期の宮城野納豆製造所で見たもので、休憩室から工場に戻る際に、足元に水を張って雑菌を洗い落とすという設備です（写真上）。

小野　私は、今日訪れた米内浄水場です。以前も訪れたことがありますが、その時は緩速ろ過池の削り取り作業を取材しました。今回は真冬だったので、ろ過池に空気を出して全面結氷を防ぐ冬ならではの風景と（写真下）、昔は結氷を鋸で切っていたということを知ったのが収穫でした。水とは無関係ですが、今朝訪れた盛岡バスセンターの、土産物屋が並ぶ昭和の雰囲気もよかったですね。

二村　現在よりもバスが小さめだったころのスケール感の名残があるバス乗り場や建物もよかったです。盛岡に行ったらまた立ち寄りたいですね。

二村　最後に今後の抱負を。私は、各地で温かく迎え入れてくれた方々に恩返しができるよう微力ながら建築土木遺産の普及を続け、これからも各地を訪れて、実感を込めて、その価値やおもしろさを伝えていければと思っています。

小野　まだまだ知らないことが一杯あるということが、これまでの取材を通して改めてわかりました。本を読んでもわからないことも多いので、これからも先人たちの知恵を、その場所に行って、自分の目で見て勉強したいと思います。

2016年2月4日　盛岡駅から東京駅に向かう新幹線こまちの車内にて

宮城野納豆製造所

米内浄水場

あとがき

大学で建築学を専攻する以前から、山奥にあるダムを見に行くのが好きだった。思い出してみると、自分と「水と生きる建築土木遺産」との馴れ初めはそれかもしれない。

本格的に関わるようになったのは、ずっと後のことで、文化庁に入り、1990年に始まった近代化遺産総合調査の担当となってからだ。近代化遺産とは、産業・交通・土木に関わる歴史的建造物のことで、同調査の結果、1993年には秋田県秋田市にある藤倉水源地の水道用のダムと群馬県松井田町の旧信越本線の碓氷峠にある橋梁・トンネル群が、最初の国の重要文化財指定となった。私はその指定も担当したので、水道、ダムといった水と生きる施設以外に、鉄道、橋梁、トンネルといった施設についても、ひととおりの専門的な知識を身に付けることになったわけである。

その後しばらく、同じ担当を続けていたので、土木が専門でもないのに、土木関係の専門雑誌等に歴史的な土木遺産を紹介する機会が増えた。やがて、全国建設研修センターから、その機関誌『国づくりと研修』の連載を依頼され、お引き受けすることになった。連載は、2001年から2012年まで続いた。連載のテーマは、「近代土木遺産の保存と活用」「土木遺産の保存活用を支える伝統技術」「日本の原風景活きつづける農業土木遺産」と変化していった。一定期間で異なる視点を用意してテーマを変えた、といえば聞こえは良いが、本音を言えば、もともと専門ではないので、テーマを考えてもすぐにネタが切れてしまうのと、生来の飽きっぽい性格もあり、同じテーマでは長く続けられなかったということである。

本書はその連載が下地となっている。写真の小野吉彦さんには、連載当初からつきあっていただいた。というよりも、そもそも主役は小野さんの写真で、文章はさしみのツマみたいなものであった。文章は、当初は私一人でやっていたが、その後大学の業務が多忙になったので、最初は研究室の大学院生（当時）

の澤田浩和君に、次に客員研究員の二村悟君に協力してもらうようになった。対象を決めると、取り上げる視点とそれにもとづく全体の構成を私が決め、現地取材をもとに骨格となる文章を両君につくってもらい、それを私が大幅に短縮、一部加筆して完成するという形で連載を進めた。

今回の出版にあたって、小野さんと二村君の2人が、連載を全面的に見直し、一部誤った部分について訂正もしてくれた。また、2人は新たな取材先をいくつも加えてくれた。したがって、本書は、2人の力に負う部分が大きい。

書籍にするにあたり、「水」をテーマにする以外に、本の構成をどうするか、私と2人でいろいろと考えたのだが、なかなか名案が浮かばない。そうこうするうちに、全国に点在する様々な遺産を網羅的に紹介するほうが明快だという彰国社の言葉に甘え、出版することとなった。貴重な機会をいただいたことに改めて感謝申し上げたい。

本書を見て、より突っ込んだ視点が欲しいという方もおられると思うが、それは私が土木の専門ではないゆえの限界ということでお許しいただきたい。読者の方が歴史的な建築物や土木構築物を今後見学する際に、本書で設定した「水」というテーマとそれにまつわる様々な視点が、新たな発見の導火線の役割を果たしてくれればと願う次第である。

２０１６年５月

後藤 治

写真クレジット

小野吉彦　左記に記載のないものすべて

緒方英樹　149上・中

二村 悟　21、22、44、81下左、124

畑 拓（彰国社）　3、6、7

略歴

後藤 治（ごとう おさむ）

1960年、東京都生まれ。工学院大学常務理事。博士（工学）。文化庁文化財保護部建造物課文化財調査官であった経験から歴史的な建造物や町並みの保存・活用に力を注ぐ。著書＝『建築学の基礎6 日本建築史』（共立出版）、『四国の住まい』（LIXIL出版）、『14歳からのケンチク学』『それでも、「木密」に住み続けたい！』（ともに共著、彰国社）、『食と建築土木』（共著、LIXIL出版）、『図説 台湾都市物語』『図説 日本の近代化遺産』（ともに共著、河出書房新社）、『都市の記憶を失う前に』（共著、白揚社新書）など多数。

二村 悟（にむら さとる）

1972年、静岡県生まれ。工学院大学建築学部客員研究員。博士（工学）。ICSカレッジオブアーツ非常勤講師、日本大学生物資源科学部非常勤講師ほか。著書＝『静岡茶の発展と建築・文化の近代化』（静岡県立大学）、『日本の産業遺産図鑑』（共著、平凡社）、『食と建築土木』（共著、LIXIL出版）、『日本の美術 近代化遺産交通編』（共著、ぎょうせい）、『図説 台湾都市物語』（共著、河出書房新社）など。

小野吉彦（おの よしひこ）

1967年、愛媛県生まれ。写真家。日本写真家協会会員。歴史的建造物を主に撮影。著書＝『日本の産業遺産図鑑』（共著、平凡社）、『食と建築土木』（共著、LIXIL出版）、『お屋敷散歩』『図説 日本の近代化遺産』『学び舎拝見』『お屋敷拝見』（いずれも共著、河出書房新社）など。

水と生きる建築土木遺産

2016年 6月10日　第1版 発　行

著　者　後藤　治＋二村　悟
写　真　小　野　吉　彦
発行者　下　出　雅　徳
発行所　株式会社　彰　国　社

著作権者との協定により検印省略

162-0067 東京都新宿区富久町8-21
電話　03-3359-3231(大代表)
振替口座　00160-2-173401

自然科学書協会会員
工学書協会会員

Printed in Japan

印刷：真興社　製本：誠幸堂

ISBN 978-4-395-32063-9 C3051　http://www.shokokusha.co.jp